CARBID UND ACETYLEN

ALS AUSGANGSMATERIAL
FÜR PRODUKTE DER CHEMISCHEN INDUSTRIE

VON

PROF. DR. J. H. VOGEL-BERLIN

UND

DR.-ING. ARMIN SCHULZE-ALTENBURG

MIT ZWEI FIGUREN IM TEXT

LEIPZIG
VERLAG VON OTTO SPAMER
1924

ISBN-13:978-3-642-89445-9   e-ISBN-13:978-3-642-91301-3
DOI: 10.1007/978-3-642-91301-3

Softcover reprint of the hardcover 1st edition 1924

Vorwort.

Als vor jetzt bald 3 Jahrzehnten das erste im elektrischen Ofen hergestellte technische Calciumcarbid aus Amerika nach Deutschland gelangte und einige Forscher sich daran machten, die Verwendung des daraus gewonnenen Acetylens für Licht- und Heizzwecke zu prüfen, überraschte der Altmeister der technischen Chemie, *Adolph Frank*, mit der Erklärung, daß sowohl das Calciumcarbid als auch das Acetylen — dieses infolge seiner großen chemischen Reaktionsfähigkeit als ungesättigter Kohlenwasserstoff und als endotherme Verbindung — sehr wohl dazu berufen sein könnten, in der chemischen Großindustrie als Ausgangsmaterialien für chemische Produkte eine bedeutende Rolle zu spielen. So müsse es u. a. auch möglich sein, aus dem Carbid über das Acetylen sogar Alkohol herzustellen. Wenngleich schon früher die große Reaktionsfähigkeit des Acetylens bekannt war und verschiedene grundlegende Arbeiten darüber bereits veröffentlicht waren, so hatten diese mehr oder weniger rein wissenschaftliches Interesse, weil es zu jener Zeit noch nicht möglich war, Acetylen in jeder beliebigen Menge technisch herzustellen. Erst als dies gelungen war, stand der chemischen Verwendung des Acetylens nichts mehr im Wege.

Die von *Frank* aufgestellte Behauptung wurde damals selbst in den Kreisen der Fachleute vielfach mit Unglauben und Kopfschütteln aufgenommen und doch hat sie sich in der Folge als nach jeder Richtung zutreffend erwiesen.

Wie auf so manchen anderen Gebieten der chemischen Großindustrie ist auch hier *Adolph Frank* bahnbrechend vorgegangen. So schuf er in Gemeinschaft mit *Nicodem Caro* die Grundlagen zur Kalkstickstoffindustrie, die nicht nur im deutschen Wirtschaftsleben eine Achtung gebietende Stelle einnimmt.

In dem im vorigen Jahre in II. Auflage erschienenen Buche „Das Acetylen" gaben wir außer den bereits von früher her bekannten Verfahren über die Verwendung des Acetylens in der chemischen Großindustrie unseres Wissens erstmalig, wenigstens für Deutschland, in einheitlicher Zusammenfassung einen Überblick über die Verfahren zur Herstellung von Acetaldehyd, Essigsäure, Alkohol und deren Abkömmlinge aus Acetylen. In der vorliegenden Schrift bieten wir den Fachgenossen eine Erweiterung dieser Zusammenfassung, ergänzt durch die Neuerscheinungen seit jener Zeit. Den genannten Ausführungen stellten wir eine Übersicht über die physikalischen und chemischen Eigenschaften des Acetylens voran. Neu hinzugekommen sind kurze Angaben über die Herstellung des Kalkstickstoffs aus Calciumcarbid und seine Weiterverarbeitung. Dabei haben wir uns darauf beschränkt, neben kurzen geschichtlichen Angaben über Versuche zur Verwertung des Luftstickstoffs im allgemeinen die Gewinnung und Verarbeitung des Kalkstickstoffs in großen Zügen so zu schildern, wie sie hauptsächlich in Deutschland betrieben wird. Bei dem Abschnitt „Wirtschaftliches über Kalkstickstoff" haben wir besonderen Wert gelegt auf Angaben der Verhältnisse vornehmlich nach dem Kriege bis zur Gegenwart in teilweiser Gegenüberstellung zu den Verhältnissen vor dem Jahre 1914.

Ausführlich behandelt wird die Entwicklung der Kalkstickstoffindustrie in geschichtlich-wirtschaftlicher und technischer Hinsicht in dem im gleichen Verlage im Jahre 1922 erschienenen umfangreichen Werk: Die Luftstickstoffindustrie von Dr. Ing. *Bruno Wäser*. Besonders sei auf die Seiten 16—30 und 258—329 dieses Werkes hingewiesen, die durch unsere Ausführungen in mancher Hinsicht eine vielleicht willkommene Ergänzung finden werden.

Unser Ziel war, nicht nur zu berichten, welche chemischen Körper bereits im Großbetriebe aus Carbid und Acetylen hergestellt werden. Vielmehr wollen wir gleichzeitig zeigen, wozu man überhaupt diese Körper benutzen könnte, um so anregend auf die weitere Entwicklung dieses aussichtsreichen Zweiges der chemischen Industrie zu wirken. So sei hier — lediglich als Beispiel — auf die Möglichkeit aufmerksam gemacht, das in den Carbidöfen entstehende Kohlenoxyd durch Überführung in Methylalkohol und Formaldehyd oder Ameisensäure nutzbringend zu verwerten, Versuche, die unseres Wissens noch nicht zur praktischen Verwendung heranreiften, die aber durchaus geeignet erscheinen, ein reiches Arbeitsgebiet neu zu erschließen.

Berlin und Altenburg im Juni 1924.

Die Verfasser.

Inhaltsverzeichnis.

	Seite
Physikalische Eigenschaften des Acetylens.	7
Chemische Eigenschaften des Acetylens	17
Bildungsweisen des Acetylens.	17
Verhalten des Acetylens gegen Metalle und Metallsalze	21
Additions- und Substitutionsprodukte des Acetylens	31
Oxydation, Kondensation und Zerfall von Acetylen	43
Verwendung des Acetylens als Ausgangsmaterial für Produkte der chemischen Industrie.	52
Acetylentetrachlorid (Tetrachloräthan) und seine Abkömmlinge	52
Herstellung von Ruß, Graphit und Wasserstoff	64
Herstellung von Acetaldehyd, Essigsäure, Aceton, Alkohol und deren Abkömmlinge	71
Herstellung von Acetaldehyd	71
Herstellung von Essigsäure	85
Herstellung von Alkohol, Aether, Essigsäureäthylester und anderen Verbindungen aus Acetaldehyd	90
Wirtschaftliches über die Herstellung von Alkohol.	98
Herstellung von künstlichem Kautschuk	103
Herstellung von Lacken und anderen Polymerisationsprodukten aus Acetylen	105
Die Kalkstickstoffindustrie	108
Herstellung des Kalkstickstoffs und seine Weiterverarbeitung	108
Wirtschaftliches über Kalkstickstoff	118
Namenverzeichnis.	121
Sachverzeichnis	125

Physikalische Eigenschaften des Acetylens.

Das Acetylen ist bei gewöhnlicher Temperatur und gewöhnlichem Druck ein gasförmiger Kohlenwasserstoff. Aus seiner chemischen Zusammensetzung, $HC \equiv CH$, ergibt sich, daß das Acetylen zu den ungesättigten Kohlenwasserstoffen der Reihe C_nH_{2n-2} gehört. Die Bildung aus seinen Elementen erfolgt nur unter dauernder Zufuhr von Wärme. Es enthält daher mehr freie Energie als die Ausgangsstoffe und ist mithin weniger beständig als diese. Die Zerlegung in seine Bestandteile erfolgt unter Abgabe von Wärme. Acetylen ist mithin eine endothermische Verbindung. Die molekulare Bildungswärme des Acetylens aus seinen Elementen beträgt bei konstantem Druck und konstantem Volumen — 53,2 Cal.[1]. Aus der Bildungsgleichung

$$C_2 \text{ (Diamant)} + H_2 = C_2H_2 \text{ (Gas)}$$

ergibt sich die Bildungswärme zu — 64,0 Cal.[2]. Nach Analogie mit anderen endothermischen Verbindungen, z. B. Chlorstickstoff, müßte man annehmen, daß die Zerlegung des Acetylens, wenn sie an einem Punkte eingeleitet wird, sich durch die ganze Gasmenge fortpflanzen und bis zur Explosion steigern würde. Dies ist jedoch bei reinem Acetylen keineswegs der Fall, vielmehr erfolgt der Zerfall bei gewöhnlichem Druck nur an der Stelle, an der der Anstoß zur Zerlegung gegeben wird[3]. Wird dagegen das Gas unter einen Druck gesetzt, der zwei Atmosphären überschreitet, so verbreitet sich die an einem Punkte eingeleitete Zersetzung (durch einen elektrischen Funken oder einen glühenden Draht) ungeschwächt mit größter Geschwindigkeit durch die ganze Masse fort, wobei sich eine Zersetzungstemperatur von ungefähr 3000° ergibt[4]. Wenn hierbei das Gas in einem konstanten Volumen eingeschlossen ist, tritt durch die starke Temperaturerhöhung eine ebenso starke Druckerhöhung ein[5], so daß dann der Zerfall des Acetylens als Explosion vor sich geht. Zur Erklärung dieses Verhaltens nimmt man an, daß der erhöhte Druck die einzelnen Moleküle einander nähert und dadurch die Fortpflanzung des an einer Stelle eingeleiteten Zerfalles begünstigt[6]. Daß ledig-

---

[1] *Thomsen:* Thermochemische Untersuchungen, S. 476.
[2] *Berthelot:* Compt. rend. de l'Acad. des Sc. **82**, 24; *Fajans:* Chem. Zentralbl. 1920, I, 813.
[3] Vgl. *Berthelot:* Compt. rend. de l'Acad. des Sc. **62**, 905; Annales de Chim. et de Phys. **51**, 36; *Lewes:* Handb. f. Acetylen 1900, 83; *Thenard:* Compt. rend. de l'Acad. des Sc. **78**, 219; *Haber:* Experimentaluntersuchungen über Zersetzungen und Verbrennung von Kohlenwasserstoffen (München 1896), S. 72; *Maquenne* u. *Dixon:* Compt. rend. de l'Acad. des Sc. **121**, 424.
[4] Versuche von *Berthelot* u. *Vieille*; *Gerdes:* Glasers Annalen **40**, 14.
[5] Vgl. *Caro:* Verhandl. d. Ver. z. Förd. d. Gewerbefl. 1906.
[6] Vgl. *Mixter:* Amer. Journ. of Sc. (4) **91**, 8.

lich die Annäherung der einzelnen Moleküle die Explosionswirkung ausübt, läßt sich einerseits dadurch beweisen, daß flüssiges Acetylen, bei dem die Annäherung der Moleküle besonders groß ist, bei gewöhnlicher Temperatur durch glühenden Platindraht, Knallquecksilber, Kompressionswärme, Reibungswärme zur Explosion gebracht wird[1]. Andererseits verliert stark komprimiertes Acetylen die Explosivität, wenn die einzelnen Moleküle durch geeignete Mittel voneinander entfernt werden. Dies kann man dadurch erreichen, daß man das Acetylen mit anderen an sich nicht explosiven oder Explosionen mit Acetylen nicht bewirkenden Gasen, z. B. mit Wasserstoff[2], Leuchtgas oder Ölgas[3] mischt, oder wenn man unter Druck gelöstes Acetylen durch Kieselgur aufsaugen läßt[4]. Diese Verdünnungsmittel üben eine Art Kühlwirkung aus, da sie teils selbst zu ihrem Zerfall Wärme verbrauchen[5].

Die Druckgrenze, bei der eine Explosion des Acetylens stattfindet, verschiebt sich bei steigendem Wasserstoffgehalt immer mehr nach oben. Ein Gemenge von 33,3% Acetylen und 66,7% Wasserstoff explodiert bei einem Anfangsdruck von 10,8 Atm, ein gleiches Gemenge von 33,3% Acetylen und 66,7% Steinkohlengas erst bei einem Anfangsdruck von 23,1 Atm[6].

Ein Gemisch von Ölgas mit 20 bis 40% Acetylen kann unter einem Druck von 7 Atm der Einwirkung eines Holzfeuers ausgesetzt werden, ohne zu explodieren. Ein Gemisch von 50% Acetylen und 50% Ölgas wird durch einen glühenden Platindraht bei einem Drucke bis zu 10 Atm nicht zersetzt, ebenso ein Gemisch von 30% Acetylen und 70% Ölgas bei einem Drucke bis zu 15 Atm. Acetylen-Steinkohlengasmischungen im Verhältnis 1 : 1 können ohne Gefahr auf 7 bis 8 Atm komprimiert werden[7]. Auch durch Abkühlung wird die Explosionsfähigkeit verringert[8]. Bei $-80°$ kann Acetylen unter keinem Druck durch glühenden Platindraht zur Explosion gebracht werden[9].

Ebenso wirken flüssige Stoffe, indem sie die Explosionsgrenze des Acetylens heraufsetzen. So kann eine Lösung von Acetylen in Aceton bis 10 Atm Druck weder direkt durch Knallquecksilber, noch indirekt durch Explosion der angrenzenden Acetylenatmosphäre zur Zersetzung gebracht werden. Über dieser Grenze jedoch — deutlich bei 20 Atm — überträgt sich die letzte erwähnte Explosion auch auf die Lösung, wobei auch das Lösungsmittel an der Explosion teilnimmt[10]. Wird dagegen Acetylen mit Gasen, wie Chlor, Sauerstoff oder Luft, gemischt, die mit ihm unter Freiwerden großer Wärmemengen reagieren, so kann schon bei einem geringen Anlaß eine Explosion eintreten.

---

[1] *Berthelot* u. *Vieille:* Compt. rend. de l'Acad. des Sc. **124**, 1000.
[2] *Berthelot* u. *Vieille:* Compt. rend. de l'Acad. des Sc. **128**, 782.
[3] *Gerdes:* Glasers Annalen **43**, 113.
[4] *Janet:* Zeitschr. f. Calciumcarbid u. Acetylen 1901, 237; vgl. auch weiter unten S. 144.
[5] Vgl. *Misteli:* Journ. f. Gasbel. **48** (1905), 802.
[6] *Berthelot* u. *Vieille:* Compt. rend. de l'Acad. des Sc. **128**, 782.
[7] *Schläpfer:* Mitteilungen aus der Eidgenössischen Prüfungsanstalt f. Brennstoffe. Zürich. Mitteilungen d. Schweiz. Acetylenvereins 1917, Nr. 4, S. 68.
[8] *Berthelot* u. *Vieille:* Compt. rend. de l'Acad. des Sc. **124**, 1002.
[9] *Claude:* Compt. rend. de l'Acad. des Sc. **128**, 303.
[10] *Caro:* Handb. f. Acetylen 1904.

Ein Acetylen-Chlorgemisch explodiert schon, wenn es dem Sonnenlicht oder der Bestrahlung durch Magnesiumlicht oder einer Steinkohlengasflamme ausgesetzt wird[1]. Für die Praxis ist dies bei der Herstellung der Chlorderivate[2] des Acetylens sowie chlorkalkhaltiger Reinigungsmassen[3] von besonderer Wichtigkeit.

Sauerstoff und Acetylen reagieren nach der Formel:
$$2\,C_2H_2 + 5\,O_2 = 4\,CO_2 + 2\,H_2O \text{ (flüssig)},$$
wobei 321 Cal.[4] frei werden und sich eine Verbrennungstemperatur von 3210 bis 4951° ergibt[5].

Ein Acetylen-Sauerstoffgemisch explodiert in den Grenzen 2,8 bis 93%[6]. Die Lage der unteren Explosionsgrenze des Acetylens wird ebenso wie die anderer Brenngase und brennbarer Dämpfe von der Konzentration des Sauerstoffs in der explosiven Gasmischung praktisch kaum beeinflußt, jedoch erfährt die obere Explosionsgrenze eine ganz bedeutende Verschiebung derart, daß mit wachsendem Sauerstoffgehalt der Gasmischung das Explosionsbereich bedeutend erweitert wird, wie die nachstehende Aufstellung zeigt[7].

Sauerstoffgehalt i. d. angewandten Sauerstoff-Stickstoffmischung	Volumen-% des Brenngases in den Gasmischungen an den Explosionsgrenzen				Bemerkungen
	Untere Grenze		Obere Grenze		
	keine Expl.	Explosion	keine Expl.	Explosion	
			Wasserstoff		
21	9,4	9,5	65,3	65,2	
40,1	—	—	81,2	81,1	
41,0	9,2	9,3	—	—	
56,2	—	—	86,4	86,3	
59,4	9,2	9,3	—	—	
96,0	9,1	9,2	—	—	
98,3	—	—	91,7	91,6	
			Kohlenoxyd		
21	15,55	15,65	71,0	70,9	
37,8	—	—	83,6	83,4	
40,9	15,85	15,95	—	—	
50,8	—	—	87,7	87,6	
59,2	15,86	15,95	—	—	
95,6	16,63	16,73	—	—	
98,3	—	—	93,60	93,50	

[1] *Berthelot:* Liebigs Annalen **67**, 52; *Ahrens:* Metallcarbide, S. 20; *Schlegel:* Liebigs Annalen **226**, 155.
[2] Vgl. S. 52.
[3] Vgl. *J. H. Vogel:* Das Acetylen, II. Aufl. (1923), S. 78.
[4] *Berthelot:* Compt. rend. de l'Acad. des Sc. **82**, 24.
[5] *Berthelot* u. *Vieille:* Compt. rend. de l'Acad. des Sc. **98**, 545 u. 601.
[6] *Le Chatelier:* Compt. rend. de l'Acad. des Sc. **121**, 1144; *Gréhant:* daselbst **122**, 832; *Clowes:* Journ. Soc. Chem. Ind. **15**, 418.
[7] *Terres, Schneider, Knickenberg, Peinert* u. *Krager:* Journ. f. Gasbeleuchtung **63** (1920), Nr. 49, S. 785 bis 792; Nr. 50, S. 805 bis 811; Nr. 51, S. 820 bis 825; Nr. 52, S. 836 bis 840.

Sauerstoffgehalt i. d. angewandten Sauerstoff-Stickstoffmischung	Volumen-% des Brenngases in den Gasmischungen an den Explosionsgrenzen				Bemerkungen
	Untere Grenze		Obere Grenze		
	keine Expl.	Explosion	keine Expl.	Explosion	
Wassergas					
21	12,35	12,45	66,2	66,1	
38,6 ⎱ 41,0 ⎰	— 12,45	— 12,55	81,3 —	81,2 —	
52,7 ⎱ 59,2 ⎰	— 12,55	— 12,65	86,1 —	86,0 —	
95,7 ⎱ 98,3 ⎰	12,55 —	12,65 —	— 92,1	— 92,0	
Methan					
21	6,05	6,26	12,08	11,91	
45,23	6,26	6,32	29,7	29,5	
62,22	6,30	6,37	38,6	38,3	
86,25	6,44	6,49	47,75	47,6	
98,3 ⎱ 98,9 ⎰	6,39 —	6,50 —	— 52,1	— 51,9	
Äthylen					
21	3,8	4,0	14,2	14,0	
40,4	4,0	4,2	33,95	33,75	Rußabscheid.
59,5	4,0	4,1	47,65	47,55	desgl.
74,7	4,0	4,2	56,40	56,2	desgl.
93,7	4,0	4,1	62,0	61,8	desgl. Acetylenbildung
Äthan					
21	3,9	4,2	9,6	9,5	
37,4	3,8	4,1	21,85	21,7	ganz geringe Rußabscheid.
59,5	3,9	4,2	33,55	33,35	
74,7	3,8	4,2	39,70	39,35	geringe Rußabscheidung
93,7	3,9	4,1	46,20	45,80	
Acetylen					
21	3,4	3,5	52,5	52,3	
40,5	3,4	3,5	74,4	74,0	Rußabscheid.
58,0	3,4	3,6	82,4	82,0	desgl.
78,5	3,4	3,6	87,4	87,0	desgl.
96,8	3,4	3,5	90,0	89,4	desgl.
Leuchtgas					
21	9,6	9,8	25,0	24,8	
40,5	9,8	10,0	45,2	45,4	
58,0	9,8	10,0	57,6	57,4	
96,8	9,8	10,0	73,8	73,6	
Benzindampf					
21	1,8	2,1	5,15	5,0	
44,0	1,8	2,1	14,10	13,95	
59,5	2,1	2,2	19,20	18,80	
74,7	1,8	2,1	23,60	23,40	
93,7	1,9	2,1	28,80	28,40	geringe Rußabscheid.

Sauerstoffgehalt i. d. angewandten Sauerstoff-Stickstoffmischung	Volumen-% des Brenngases in den Gasmischungen an den Explosionsgrenzen				Bemerkungen
	Untere Grenze		Obere Grenze		
	keine Expl.	Explosion	keine Expl.	Explosion	
Benzoldampf					
21	2,6	2,8	7,2	6,8	
40,5	—	—	15,5	15,2	
58,0	2,6	2,8	21,0	20,5	
78,5	—	—	27,5	27,2	
96,9	2,6	2,8	30,1	29,9	Rußabscheid.

Die Explosion tritt also selbst dann noch ein, wenn das Acetylen-Sauerstoffgemisch durch Stickstoff oder andere Gase verdünnt ist. Ein Acetylen-Luftgemisch, bei dem ja Stickstoff als Verdünnungsmittel zugegen ist, ist explosiv, wenn es 2,8 bis 65% Acetylen enthält[1].

Die Explosionserscheinung ist zum größten Teil von Rußabscheidung und zum geringen Teil von Bildung trockener Destillationsprodukte begleitet. Die Grenze der Rußbildung liegt zwischen 9,33 und 58,65% Acetylen im Gasluftgemisch. Die untere Explosionsgrenze des Acetylens liegt zwischen 1,53 und 1,77%, die obere zwischen 57,95 und 58,65%[2].

Für verschiedene Acetylengasgemische wurden nachstehende Explosionsgrenzen ermittelt oder berechnet[3].

Gas	untere Explosionsgrenze Vol. %	obere Explosionsgrenze Vol. %
Ölgas	6	14
Steinkohlengas	8	22
Acetylen	3,5	52,2
Mischgas	6	16
Acetylen- + Steinkohlengas		
33½% 66⅔%	5,6	27,5
40% 60%	5,3	28,9
50% 50%	4,9	31,3
75% 25%	4,1	39,3

Nach Untersuchungen von Delépine[4] entzünden sich Gemische von Acetylen mit 25,4 bis 31% Luft bis zu einem Drucke von 1½ Atm nicht, wenn ein Induktionsfunke von 2 mm Länge durchgeleitet wird. Auch durch glühenden Eisen- oder dünnen Platindraht werden die Gemische nicht entflammt, wenngleich bei Verwendung eines dickeren und längeren Platindrahtes eine gewisse Wirkung erzielt wird. Delépine folgert daraus, daß nicht

---

[1] Le Chatelier: Compt. rend. de l'Acad. des Sc. **121**, 1144; Eitner: Journ. f. Gasbel. **45** (1902), Nr. 1 bis 6, 13 bis 16; vgl. Versuche d. bosn. Elektrizitäts-Aktiengesellschaft; Zeitschr. d. bayer. Revisionsvereins 1909, Nr. 6 u. 21; Carbid u. Acetylen 1909, 89; 1910, 26.
[2] Teklu: Journ. f. prakt. Chemie (2) **75**, 212 bis 223.
[3] Schläpfer: a. a. O. S. 69.
[4] Chem. Ztg. **36** (1912), Nr. 125, S. 1214; s. a. Carbid u. Acetylen 1912, S. 266; 1913, S. 40.

die Temperatur allein bei der Zündung maßgebend ist, sondern auch die Größe der heißen Oberfläche. Knallquecksilber als Zündung ist wirksam. Die auftretende Zündung ist auf drei aufeinander folgende Erscheinungen zurückzuführen. Zunächst zersetzt sich unter dem Einfluß des Zünders ein bestimmtes Volumen Acetylen, wobei das zersetzte Gas durch das gleiche Volumen Wasserstoff ersetzt wird. Im nächsten Zeitteilchen verbinden sich Wasserstoff und Luft zu einem explosiven Gemisch. Wird dieses in genügender Menge in sehr kurzer Zeit gebildet, so kann es infolge der großen Geschwindigkeit seiner Explosionswelle im folgenden Zeitteilchen die Entflammung in nicht zersetztem Gemisch verbreiten und in ihm eine merkliche Acetylenzersetzung bewirken.

Die untere Explosionsgrenze eines Acetylen-Luftgemisches liegt bei 2,8 bis 3%, die obere bei 73%; sie kann aber heruntergehen auf 50%. Es scheint, daß bei Acetylen-Luftgemischen der Druck unter dem das Gemisch steht, keinen Einfluß auf die Explosionsgrenzen ausübt. Reines Acetylen explodierte bei Berührung mit einem heißen Platindraht bei 5 Atm und mittels des Funkens eines Induktors schon bei 3 Atm[1].

In der Explosionsempfindlichkeit steht das Acetylen obenan. Methan ist um 2,1, Steinkohlengas um 2,8 und Wasserstoff um 6,4 mal weniger reaktionsfähig; das Explosionsgebiet hat beim Methan den kleinsten Umfang, beim Steinkohlengas ist es 4,21, beim Wasserstoff 12,7 und beim Acetylen 13,5 mal größer[2].

Läßt man ein Acetylen-Luftgemisch nicht in weiten Gefäßen, sondern in Röhren explodieren, so werden die Explosionsgrenzen enger, so daß sie in Röhren mit immer geringerem Durchmesser immer mehr abnehmen.

Wird Acetylen mit Luft gemischt, so treten je nach dem Gehalt an Acetylen folgende Erscheinungen ein[2]: Bei geringerem Gehalt des Acetylen-Luftgemisches an Acetylen, etwa bis zu 6,38 bis 7,03%, tritt bei der Explosion eine Kontraktion des Gemisches ein; zwischen 7,03 und 41,92% ist eine Vergrößerung des Volumens zu bemerken. Zwischen 41,92 und 49,79% ist weder eine Kontraktion noch eine Ausdehnung nachzuweisen. Bis zur Explosionsgrenze (58,65) tritt wiederum schwache Kontraktion ein.

Die physikalischen Konstanten des reinen Acetylens sind folgende: Molekulargewicht: 26,024[3], Molekularvolumen (bezogen auf Sauerstoff): 0,8132[3], Dichte (bezogen auf Luft): 0,9056[3], Dichte (bezogen auf Wasser von 4°): 0,001194[4], Dichte (bezogen auf Wasser von 17°): 0,001115[4]. Die wahren Ausdehnungskoeffizienten bei konstantem Druck sind unter dem kritischen Druck 3759×10^{-6}, unter Atmosphärendruck: 3772×10^{-6}, der wahre Ausdehnungskoeffizient bei konstantem Volumen unter Atmosphärendruck 3741×10^{-6} [3].

---

[1] Versuche d. Bureau of Mines. Dinglers polyt. Journ. s. a. Carbid u. Acetylen 1917, S. 64.
[2] *Teclu:* Journ. f. prakt. Chemie (2) **75**, 212 bis 223; *Mason* u. *Wheeler:* Chem. Zentralbl. 1920, I, 321.
[3] *Leduc:* Annales de Chim. et de Phys. (7) **15**, 1; Compt. rend. de l'Acad. des Sc. **148**, 1173 bis 1175.
[4] *Kanonnikow:* Journ. f. prakt. Chemie (2) **31**, 361.

100 ccm Acetylen wiegen 0,117 g und enthalten rund 100 ccm Wasserstoff neben 0,108 g Kohlenstoff[1].

Die Verbrennungswärme von 1 Mol. Acetylen (durch Verbrennen mit Sauerstoff bestimmt) beträgt nach *Berthelot* 317,5 Cal.[2], während *Redgrove*[3] 308,6 gefunden hat. *Pier*[4] hat die Wärmetönung des Acetylens calorimetrisch in der *Berthelot*schen Bombe bestimmt zu 289 Cal.

Der obere Heizwert eines Liters Acetylen bei 0° und 760 mm im *Junker*schen Gascalorimeter bestimmt, ist 13 800 bis 14 100 Cal.[5].

Im Unioncalorimeter wurden als oberer Heizwert von technischem, gereinigtem Acetylen i. M. 13 828 WE, im *Gräfe*schen Calorimeter als unterer i. M. 11 044 WE gefunden[6].

Die Temperatur einer entleuchteten Acetylenflamme fand *Berkenbusch* bei einem Acetylengehalte von 7,7, 12,2 und 17% zu 2420, 2260 und 2100° C[7]. *Nichols*[8] gibt die Temperatur einer leuchtenden Acetylenflamme zu 1900° an, während sie nach anderen 2350° betragen soll[9]. Die Temperatur einer Acetylensauerstoffflamme, wie sie bei der autogenen Metallbearbeitung benutzt wird, soll nach einigen Angaben über 3000°[10] betragen, während *Wiss* für das zu Schweißzwecken günstigste Gemisch von 0,6 Vol. Acetylen auf 1 Vol. Sauerstoff nur 2340° ermittelt hat[11].

1 cbm Acetylen liefert beim Verbrennen 2 cbm Kohlensäure und 1 cbm Wasserdampf. Zur Verbrennung eines Kubikmeters Acetylen sind 2,5 cbm Sauerstoff oder 12,5 cbm Luft erforderlich.

Für 100 HK entstehen demnach: 120 l Kohlensäure, 600 l Wasserdampf, Luftverbrauch 750 l, entwickelte Wärme 780 w.

Die Entzündungstemperatur[12], das ist die Temperatur, bis zu welcher das Gas vorgewärmt werden muß, um beim Zusammentreffen mit Luft oder Sauerstoff von derselben Temperatur entzündet zu werden, wurde für Acetylen im Sauerstoff zu 416 bis 440 (i. M. 428), für Acetylen in Luft zu 406 bis 440 (i. M. 429) ermittelt, während *Fiesel* als niedrigste Entflammungstemperatur 386° C und bei katalytisch eingeleiteter Entflammung 365° C gefunden hat[13].

---

[1] *Erdmann:* Lehrb. d. Chemie 1906.
[2] Annales de Chim. et de Phys. (5) **13**, 14.
[3] Chem. News **95**, 301; **98**, 25.
[4] Zeitschr. f. Elektrochemie **16** (1910), 898. Über spez. Wärme des Acetylens s. *Heuse:* Chem. Zentralbl. 1919, III, 419.
[5] *Caro:* Über die Explosionsursachen von Acetylen. Verhandl. d. Ver. z. Förd. d. Gewerbefl. 1906.
[6] *A. Schulze*, eigene Versuche.
[7] Zeitschr. f. Naturw. 1900, 359.
[8] The Phys. Review. 1900, 214 bis 252.
[9] *Schaar:* Gaskalender 1910. Über Flammenspektrum und Energieverteilung des Acetylens s. *Hyde, Forsythe:* Chem. Zentralbl. 1919, III, 803; *Coblentz:* Journ. Franklin-Inst. **188** (1919), 399, a. a. O. 1920, II, S. 257.
[10] *Haber* u. *Hodsmann:* Zeitschr. f. physikal. Chemie **67**, 343.
[11] Zeitschr. d. bayer. Revisionsvereins 1909, 30.
[12] *Dixon* u. *Coward:* Journ. Chem. Soc. **95**, 514.
[13] Carbid u. Acetylen 1920, S. 97.

Das Maximum der Entzündungsgeschwindigkeit reinen Acetylens in Mischung mit Luft beträgt 113,5 cm/sek und liegt bei 8,7% Acetylen[1].

Das Acetylen ist in vielen Flüssigkeiten löslich. Bei normalem Druck (760 mm) vermag 1 l Wasser folgende Acetylenmengen aufzunehmen[2]:

Temperatur des Wassers	Acetylen gelöst
0° C	1,73 l
2° „	1,63 „
4° „	1,53 „
6° „	1,45 „
8° „	1,37 „
10° „	1,31 „
12° „	1,24 „
14° „	1,18 „
16° „	1,13 „
18° „	1,08 „
20° „	1,03 „
22° „	0,99 „
24° „	0,95 „
26° „	0,91 „
28° „	0,87 „
30° „	0,84 „

Die Löslichkeit des Acetylens nimmt also mit steigender Temperatur ab. Während bei 15° 1 l Wasser ungefähr die gleiche Menge Acetylen aufzunehmen vermag, wird bei 50° nur etwa die Hälfte Acetylen gelöst. Die Löslichkeit nimmt zu bei steigendem Druck und sinkender Temperatur. In anderen Lösungsmitteln beträgt sie nach verschiedenen Beobachtern:

In 100 T. Salzwasser	6 T. Acetylen
„ 100 „ Kalkmilch	75 „	„
„ 100 „ Schwefelkohlenstoff	100 „	„
„ 100 „ Wasser	110 „	„
„ 100 „ Terpentinöl	200 „	„
„ 100 „ Tetrachlorkohlenstoff	200 „	„
„ 100 „ Chloroform	400 „	„
„ 100 „ Benzol	400 „	„
„ 100 „ Alkohol[3]	600 „	„
„ 100 „ Aceton[4]	2500 „	„

Bei einem Druck von etwa 1,5 Atm sollen 100 l Alkohol von 95% 1600 l Acetylen aufnehmen können[5].

Aus obiger Zusammenstellung ist zu ersehen, daß Aceton das Acetylen weitaus am besten löst. Nach *Kremann* und *Hönel*[6] nimmt die Löslichkeit

---

[1] *Ubbelohde* u. *Hofsäß:* Journ. f. Gasbel. **56**, (1913) Nr. 50 u. 51; s. a. Carbid u. Acetylen 1914, Nr. 4.

[2] Versuche der Eidgen. Prüfungsanstalt f. Brennstoffe, Zürich. Mitt. d. Schweiz. Acetylenvereins 1919, Nr. 2.

[3] *Berthelot:* Annales de Chim. et de Phys. (4) **9**, 425.

[4] *Claude* u. *Heß:* Compt. rend. de l'Acad. des Sc. **124**, 626.

[5] D. R. P. Nr. 302122, s. a. Chem.Ztg. **42** (1918), Nr. 20/21; Carbid u.Acetylen 1918, S. 77.

[6] Wiener Monatshefte **34** (1913) S. 1089—1094; s. a. Zeitschr. f. angew. Chem. **26**, (1913) Nr. 90, S. 679; Carbid u. Acetylen 1913, S. 271.

des Acetylens in Aceton durch Wasserzusatz bei 25° und 0° zuerst rasch ab, von einem Gehalt von über 50 Vol.% nur noch langsam bis zum Wert von reinem Wasser.

1 l Aceton vermag bei 12 Atm Druck etwa 300 l Acetylen aufzunehmen, also ungefähr die aus 1 kg Carbid entwickelte Menge. Die Aufnahme erfolgt hierbei unter Volumenvergrößerung der aufnehmenden Flüssigkeit, so daß bei einem Druck von 12 Atm 1 l mit Acetylen gesättigtes Aceton rund $1^1/_2$ l Raum einnimmt[1]. Durch Druck oder Kälte kann Acetylen leicht in den flüssigen Zustand übergeführt werden. Nach *Cailletet*[2] verflüssigt sich Acetylen unter einem Drucke von

48 Atm bei 1°
50 „ „ 2,5°
63 „ „ 10,0°
94 „ „ 25°
103 „ „ 31°

nach Angaben von *Ansdell*[3] unter einem Drucke von

11,01 Atm bei —23°
67,96 „ „ +36,9°

Andere Forscher geben hierfür ebenfalls Zahlen an[4].

Die kritische Temperatur des Acetylens beträgt 37°, der kritische Druck 67,0 Atm[5]. Das flüssige Acetylen ist farblos, leicht beweglich und besitzt ein großes Brechungsvermögen. Der Siedepunkt beträgt bei gewöhnlichem Druck —82,4 bis —83,8[6], nach *O. Maass* und *Mc. Intosh* —102,5°[7]. Das spez. Gewicht beträgt bei —7°: 0,460, bei 20,6°: 0,413, bei 35,8°: 0,364[8], beim Siedepunkt 0,5650[7].

Der Dampfdruck des Acetylens bei einer Temperatur unter seinem normalen Siedepunkt ermittelt, beträgt 760 mm bei 189,1° (abs.) und 1 mm bei 129,9° (abs.)[9].

Verdunstet flüssiges Acetylen an der Luft, oder wird es in flüssiger Luft abgekühlt, so erstarrt es zu einer festen Masse[10]. Da der Schmelzpunkt des festen Acetylens (—81,5°) und der Sublimationspunkt (—83,8)[11] in der Nähe

---

[1] *Claude* u. *Heß*: Compt. rend. de l'Acad. des Sc. **124**, 626; vgl. Handb. f. Acetylen 1904, 752.
[2] Compt. rend. de l'Acad. des Sc. **85**, 851.
[3] Chem. News **40**, 136.
[4] *Villard*: Annales de Chim. et de Phys. **10**, 396; *Willson* u. *Suckert*: Journ. Franklin-Inst. **139**, 327; *Pictet*: L'Acetylene (Genf 1896).
[5] *Leduc*: Compt. rend. de l'Acad. des Sc. **124**, 183.
[6] *Ladenburg* u. *Krügel*: Berichte d. Deutsch. chem. Ges. **32**, 1818; **33**, 637.
[7] Journ. Americ. Soc. **36** (1914) S. 737 bis 742; s. a. Chem. Ztg. **39** (1915), Nr. 58/59, S. 189.
[8] *Ansdell*: Proc. Roy. Soc. **29**, 209.
[9] Journ. Americ. Soc. **37** (1915), S. 2482 bis 2486; s. a. Zeitschr. f. angew. Chem. **29**. (1916) II, S. 241.
[10] *Ladenburg*: Berichte d. Deutsch. chem. Ges. **31**, 1968; *Villard*: Compt. rend. de l'Acad. des Sc. **120**, 1262.
[11] *Mc. Intosh*: Journ. of physikal. Chem. **11**, 306.

des Siedepunktes des flüssigen liegt, verdampft das feste Acetylen bei gewöhnlicher Temperatur, ohne zu schmelzen[1].

Durch die Einwirkung eines Funkens, durch einen glühenden Platindraht oder durch Knallquecksilber kann, wie schon erwähnt, flüssiges Acetylen zur Explosion gebracht werden[2]. Erfolgt die Verflüssigung des Acetylens bei tiefer Temperatur ($-80°$), so ist die Gefahr einer Explosion nicht vorhanden, da bei dieser nach *Pictet* die Reaktionsfähigkeit und mithin die Explosibilität überhaupt aufhört[3]. Durch Einleiten von trockenem Acetylen in flüssige Luft erhält man eine breiige Masse, die schon durch Berührung mit einer Flamme explodiert und die nach *Anschütz*[4] das weitaus stärkste Sprengmittel darstellen soll.

Der Zerfall des flüssigen Acetylens, das in Stahlflaschen eingeschlossen ist, geht nur dann vor sich, wenn an irgendeiner Stelle die zur Zündung notwendige Temperatur herbeigeführt wird, während gefüllte Stahlflaschen durch Stoß oder Schlag allein nicht explodieren, jedoch führt die heftige Erschütterung bei der Zertrümmerung der Gefäßwand durch einen Sprengstoff die Explosion des verflüssigten Gases stets herbei[5].

---

[1] *Villard:* Bulletin de la Soc. chim. (3) **13**, 997; *Ladenburg:* a. a. O.
[2] *Bertholet* u. *Vieille:* Compt. rend. de l'Acad. des Sc. **124**, 1002.
[3] *Altschul:* Acetylen in Wissenschaft und Industrie 1899, S. 357.
[4] *Moye,* Chem. Ztg. **46** (1922), Nr. 8, S. 69; vgl. a. *Hofmann,* Lehrbuch der anorg. Chemie 1920. S. 335.
[5] *Rasch:* Acetylen in Wissenschaft und Industrie 1901, S. 180.

Chemische Eigenschaften des Acetylens.

Bildungsweisen des Acetylens.

Die technische Herstellungsweise des Acetylens gründet sich auf das Verhalten der Carbide gegen Wasser. Die Reaktion verläuft hierbei nach der Gleichung:

$$MeC_2 + H_2O = C_2H_2 + MeO,$$

d. h. aus dem Carbid bilden sich Acetylen und das Oxyd des betreffenden Metalles.

Von den durch Wasser zersetzbaren Carbiden liefern reines Acetylen diejenigen von Kalium, Natrium[1], Lithium[2], Calcium[3], Barium[4], Strontium[5]. Aus 1 kg Lithiumcarbid erhielt *Moissan* 587 l reines Acetylen. Die Carbide von Cer, Lanthan, Yttrium und Thorium liefern dagegen Gasgemische mit größeren oder kleineren Mengen Acetylen.

Ein Gemisch von Acetylen und Allylen wird mit Wasser aus einem Produkt entbunden, das man erhält, wenn man metallisches Magnesium der Einwirkung von Dämpfen organischer Verbindungen, wie Äther, Benzol, Hexan, Steinkohlengas, Petroleum, Cyan, Acetylen oder Kohlenoxyd aussetzt. Es entsteht als Reaktionsprodukt eine schwarze Masse, die mit Wasser Allylen entwickelt. Kamen bei der Einwirkung wasserstoffreie Gase oder Dämpfe zur Anwendung, so war die Ausbeute an Allylen gering, während Acetylen in größeren Mengen auftrat. Es ist mithin wahrscheinlich, daß das als schwarze Masse erhaltene Produkt ein Magnesiumallylid oder ein Gemisch dieses mit Magnesiumcarbid (MgC_2) darstellt[6].

Ferner entsteht Acetylen durch Zersetzung der Metallverbindungen, die man durch Einleiten von Acetylen in Salzlösungen, z. B. Silbernitratlösung erhält. Bei der Zersetzung der Kupferacetylenverbindung durch Salzsäure entsteht ein mit Vinylchlorid und Polyacetylenen verunreinigtes Gas[7], während durch Zersetzung mit Cyankalium ein äußerst reines Gas erhalten wird, so daß diese Methode zur Darstellung von chemisch reinem Acetylen dienen kann[8].

---

[1] *Berthelot:* Annales de Chim. et de Phys. (4) **9**, 385.
[2] *Moissan:* Elektr. Ofen.
[3] *Travers:* Proc. Chem. Soc. 6. Febr. 1893; *Moissan:* Compt. rend. de l'Acad. des Sc. 12. Dez. 1892; Elektr. Ofen.
[4] *Maquenne:* Annales de Chim. et de Phys. (6) **28**, 257; *Moissan:* Elektr. Ofen.
[5] *Moissan:* Elektr. Ofen.
[6] *Keiser* u. *Le Roy Mc. Master:* Journ. Amer. Chem. Soc. **32**, 388 bis 391.
[7] *Zeisel:* Liebigs Annalen **191**, 368; *Römer:* daselbst **233**, 182.
[8] *Baeyer:* Berichte d. Deutsch. chem. Ges. **18**, 2273; vgl. auch Journal für Gasbeleuchtung und Wasserversorgung **63** (1920), Nr. 51, 822.

Von den Verbindungen der Reihe C_nH_{2n-2}, welche Acetylen geben, ist noch die Acetylendicarbonsäure zu erwähnen, die leicht Kohlensäure abspaltet und dabei Acetylen liefert[1].

$$\begin{array}{c} C-COOH \\ ||| \\ C-COOH \end{array} = 2\,CO_2 + C_2H_2.$$

Das Acetylen aus seinen beiden Komponenten direkt zu erhalten, ist zuerst *Berthelot*[2] gelungen, indem er Wasserstoff zwischen zwei Kohlenelektroden, die er durch den elektrischen Strom zum Glühen brachte, hindurchleitete. Das entstandene Gas wurde durch Absorption in einer Kupferchlorürlösung nachgewiesen[3]. *Dewar*[4] stellte Acetylen aus seinen Elementen dar, indem er Wasserstoff durch ein Rohr aus Retortenkohle leitete, das durch den elektrischen Strom zur Weißglut erhitzt wurde. Spuren von Acetylen entstehen aus den Elementen schon bei 1700°; die Menge wächst proportional der Temperatursteigerung bis 2800°[5].

Acetylen bildet sich unter dem fortgesetzten Einfluß der Rotglühhitze aus den meisten organischen Verbindungen, so aus Äthylen, Methylalkohol, Aldehyd und besonders aus Äther.

Berthelot hat festgestellt, daß bei der trockenen Destillation organischer Substanzen, wie Alkohol, Äther, Aldehyd, Methylalkohol, Methan, Styrol, sich stets Acetylen bildet[6]. Diese Bildung ist auch von vielen anderen Forschern beobachtet worden[7].

Acetylen läßt sich nachweisen, wenn ein Induktionsfunken auf Sumpfgas, Äthylen oder ein Gemisch von Cyan und Wasserstoff, auf Alkohol, Petroleum, Pentan einwirkt[8]. Acetylen wird ferner erhalten bei der Zersetzung von Kohlenwasserstoffen, z. B. Benzol und Toluol, von Äther u. a. durch den elektrischen Induktionsfunken[9].

Durch die Eigenschaft des Acetylens, sich bei der Zersetzung organischer Verbindungen zu bilden, ist auch die Gegenwart dieses Gases im Steinkohlen-

---

[1] *Lossen:* Liebigs Annalen **272**, 140.

[2] Annales de Chim. et de Phys. (3) **67**, 52; Compt. rend. de l'Acad. des Sc. **54**, 640 u. 1042; Liebigs Annalen **123**, 214.

[3] Vgl. *Lepsius:* Berichte d. Deutsch. chem. Ges. **23**, 1638.

[4] Proc. Roy. Soc. **30**, 88; *Lewes:* Handbuch f. Acetylen 1900.

[5] *Pring* u. *Hutton:* Journ. Chem. Soc. **89**, 1591 bis 1601; Proc. Chem. Soc. **22**, 260; *v. Wartenberg:* Zeitschr. f. anorg. Chemie **52**, 299.

[6] Annales de Chim. et de Phys. (4) **9**, 385, 413 bis 428; Compt. rend. de l'Acad. des Sc. **50**, 805; **56**, 515.

[7] *Böttger:* Liebigs Annalen **109**, 351; *Quet:* Liebigs Annalen **108**, 116; Compt. rend. de l'Acad. des Sc. **46**, 903; *Vohl:* Jahresber. üb. d. Fortschr. d. Chemie 1865, 841.

[8] *Berthelot:* Annales de Chim. et de Phys. (3) **67**, 52; Liebigs Annalen **123**, 207; Compt. rend. de l'Acad. des Sc. **54**, 515; *Quet:* Compt. rend. de l'Acad. des Sc. **46**, 903; *Bredig:* Zeitschr. f. Elektrochemie **4** (1898), 514; *Vohl:* Dinglers Polytechn. Journ. **177**, 58.

[9] *Truchot:* Compt. rend. de l'Acad. des Sc. **84**, 717; *Destrem:* daselbst **99**, 138; *Pizarello:* Gazetta chimica ital. **15**, 233.

gas zu erklären. Es findet sich darin allerdings nur in geringen Mengen (0,06 bis 0,07%)[1].

Auch durch Erhitzen gasförmiger Kohlenwasserstoffe wie Äthylen oder eines Gemisches von Sumpfgas und Kohlenoxyd auf hohe Temperaturen wird Acetylen erhalten[2]. Über diese Bildung des Acetylens haben Untersuchungen weiterhin ausgeführt: *Davy*[3], *Norton* und *Noyes*[4] und *Bone*[5].

De Wilde hat nachgewiesen, daß bei Einwirkung des elektrischen Funkens auf Äthylen sich neben Wasserstoff Acetylen zuerst bildet, um dann weiter in Kohlenstoff und Wasserstoff zu zerfallen[6].

Bone[7] hat Versuche ausgeführt, in denen Äthylen in Porzellanröhren längere Zeit eingeschlossen oder in Zirkulationsröhren auf die gewünschten hohen Temperaturen erhitzt wurde. Bei der Untersuchung der Zersetzungsprodukte konnte nachgewiesen werden, daß sich Acetylen vorzugsweise bildet. Auch er nimmt an, daß bei der Spaltung des Äthylens das Acetylen wahrscheinlich das erste Zerfallprodukt ist.

Es ist eine bekannte Tatsache, daß sich bei einem mit Steinkohlengas gespeisten zurückgeschlagenen Bunsenbrenner unter den Verbrennungsgasen Acetylen in einer Menge bis zu 0,8% befindet. Auf dieser Erscheinung beruhte lange Zeit die Gewinnung des Acetylens[8]. *Berthelot*[9] hatte hierfür einen besonderen Apparat konstruiert, der späterhin von anderen verbessert wurde.

Aus den Halogenverbindungen der Kohlenwasserstoffe höherer Sättigungsreihen kann das Acetylen erhalten werden, wenn diesen das Halogen entzogen wird, wobei sich Acetylen durch Zusammenschluß der Kohlenwasserstoffreste bildet. So erhielt *Miasnikoff*[10] Acetylen, wenn er Bromvinyl oder Chlorvinyl in Dampfform durch heiße Ätzkalilösung leitete, während *Sawitsch*[11] durch Einwirkung von alkoholischer Kalilauge auf Bromäthylen zu dem gleichen Ergebnis gelangte. Aus Chloroform wird Acetylen erhalten durch Überleiten über rotglühendes Kupfer oder durch Einwirkung von Kaliumamalgam oder Natrium[12].

$$2\,CHCl_3 = C_2H_2 + 6\,Cl.$$

---

[1] *Blochmann:* Liebigs Annalen **173**, 178; vgl. *Vogel* u. *Reischauer:* Jahresber. üb. d. Fortschr. d. Chemie 1858, 208; *Böttger:* Liebigs Annalen **109**, 351.

[2] *Berthelot:* Liebigs Annalen **139**, 277; *Odling:* Handbuch f. Acetylen 1900.

[3] Jahresber. üb. d. Fortschr. d. Chemie 1886, 574; Amer. chem. Journ. 8, 153.

[4] Jahresber. üb. d. Fortschr. d. Chemie 1888, 573; Amer. chem. Journ. 8, 362.

[5] *Bone:* Journ. f. Gasbel. **51** (1908), 828.

[6] Zeitschr. f. Chemie 1866, 735; Bulletin de la Soc. chim. **6**, 267.

[7] Journ. f. Gasbel. **51** (1908), 828; vgl. auch *Bone* u. *Coward:* Proc. Chem. Soc. **24**, 167 bis 168; Journ. Chem. Soc. **93**, 1197 bis 1225; *Bone* u. *Jerdan:* Journ. Chem. Soc. **71**, 46; *Bone* u. *Wheeler:* daselbst **83**, 1076.

[8] *Rieth:* Zeitschr. f. Chemie 1867, 2, 598.

[9] Annales de Chim. et de Phys. (5) **10**, 365.

[10] Liebigs Annalen **118**, 330.

[11] Compt. rend. de l'Acad. des Sc. **52**, 157; Liebigs Annalen **119**, 182; vgl. auch *Sabanejeff:* Liebigs Annalen **178**, 109.

[12] *Kletzinski:* Zeitschr. f. Chemie **2**, 127; *Fittig:* daselbst **2**, 127.

De Wilde[1] erhielt Acetylen in guter Ausbeute, wenn er Äthylenchlorid durch dunkelrot glühenden Kalk oder Natronkalk zersetzte. In guter Ausbeute entsteht Acetylen ferner bei der Einwirkung von Natrium auf Campher und Chloroform[2]. Auf ähnliche Weise erhält man Acetylen aus Bromoform und Jodoform[3], wenn man diese mit angefeuchtetem Silber oder fein verteiltem Kupfer oder Zink vermischt. Aus Jodoform läßt es sich außerdem direkt erhalten, wenn dieses über seinen Schmelzpunkt erhitzt wird[4].

Bei der Einwirkung von alkoholischem Kali spaltet Bromäthylen Bromwasserstoff ab unter Bildung von Acetylen.

$$CH_2CHBr + KOH = C_2H_2 + KBr + H_2O\ [5].$$

Wird Vinylbromid (Bromäthylen) im geschlossenen Rohr mit Bleioxyd erhitzt, so bildet sich ebenfalls Acetylen[6]. Durch Wasser und Bleioxyd wird Bromäthylen ebenfalls unter Bildung von Acetylen zersetzt[7]. In derselben Weise wie auf Bromäthylen wirkt alkoholisches Kali auf Äthylenbromid, indem als Zwischenprodukt erst Bromäthylen entsteht. Reines Acetylen erhält man, wenn man das Äthylenbromid durch Kaliumisobutylat zersetzt[8]. Ferner entsteht Acetylen aus Äthylenbromid durch Abspaltung von Bromwasserstoff nach der *Friedel-Kraft*schen Reaktion durch Erhitzen mit Aluminiumbromid auf 100 bis 110°[9].

Durch Behandeln von symm. Tetrachloräthan[10] in alkoholischer Lösung mit Zink wird jenem das Chlor entzogen und Acetylen gebildet.

Durch Elektrolyse der Fumar- und der Maleinsäure[11] sowie des maleinsauren Natriums wird ebenfalls Acetylen erhalten, indem sich am negativen Pol Wasserstoff bzw. das Metall, am positiven der Säurerest abscheidet, der weiter in Kohlensäure und Kohlenwasserstoff zerfällt.

$$\begin{array}{c} CHCOOH \\ \parallel \\ CHCOOH \end{array} = \begin{array}{c} CH \\ \parallel \\ CH \end{array} \begin{array}{c} COO \\ \\ COO \end{array} + H_2$$

Ebenso bildet sich Acetylen bei der elektrolytischen Zersetzung der Glutaconsäure[12].

---

[1] Berichte d. Deutsch. chem. Ges. **7**, 352; Bull. Acad. belge (2) **19**, 1; *Lewes:* Handbuch f. Acetylen 1900, 12.

[2] *Haller:* Dissert. Nancy 1879; *Lewes:* Handb. f. Acetylen 1900, 12.

[3] *Cazeneuve:* Bulletin de la Soc. chim. (3) **7**, 70; Compt. rend. de l'Acad. des Sc. **97** 1371; **113**, 1054.

[4] *Cazeneuve:* Bulletin de la Soc. chim. **41**, 106.

[5] *Sawitsch:* Jahresber. üb. d. Fortschr. d. Chemie 1861, 646; Compt. rend. de l'Acad des Sc. **52**, 157; Liebigs Annalen **119**, 182.

[6] *Kutscherow:* Berichte d. Deutsch. chem. Ges. **14**, 1532.

[7] *Jahn:* Berichte d. Deutsch. chem. Ges. **13**, 983.

[8] *Sawitsch:* a. a. O.

[9] *Mouneyrat:* Bulletin de la Soc. chim. (3) **19**, 184.

[10] *Sabanejeff:* Liebigs Annalen **216**, 242.

[11] *Kolbe:* Liebigs Annalen **69**, 257; *Bourgoin:* Annales de Chim. et de Phys. (4) **14**, 157 *Lassar Cohn:* Liebigs Annalen **251**, 335; *Kekulé:* daselbst **131**, 85.

[12] *Henrich* u. *Herzog:* Chem. Zentralbl. 1920, I, 201.

Nach *Gabriel*[1] zerfällt die Nitrosoanhydro-β-oxäthylphthalaminsäure $C_{10}H_8O_4N_2$ bei Anwärmen mit Kalilauge in Phthalsäure, Stickstoff und Acetylen. Auch viele andere Verbindungen[2] zerfallen unter gleichzeitiger Bildung von Acetylen, z. B. Propargylaldehyd, quaternäre Piperazinbasen.

Auch aus Verbindungen der gesättigten Reihe C_nH_{2n+2} erfolgt die Bildung von Acetylen; jedoch finden hierbei tiefergehende Zersetzungen statt. So entsteht Acetylen aus der Methylendisulfosäure, wenn man das Natriumsalz derselben mit Ätzkali schmilzt[3]. Ferner bildet sich Acetylen bei der Einwirkung von Jod auf Silberacetat bei schwachem Erwärmen[4], aus Methylalkohol durch Einwirkung von heißem Zinkstaub bei schwacher Rotglut[5] und aus Kupferacetat beim Erhitzen der Lösung unter Druck[6].

Verhalten des Acetylens gegen Metalle und Metallsalze.

Wie schon *Chavastelon*[7] erwähnt, besitzt das Acetylen den Charakter einer schwachen Säure, was auch *Skossarewski*[7] durch die elektrische Leitfähigkeit von Acetylen und Acetylennatrium in verflüssigtem Ammoniak nachgewiesen hat. Die Säurenatur äußert sich u. a. darin, daß die beiden Wasserstoffatome des Acetylens durch Metall ersetzbar sind. Bei gewöhnlicher Temperatur und gewöhnlichem Druck wirkt Natrium auf Acetylen nicht ein. Unter Druck oder schwacher Erwärmung auf 50 bis 70° tritt eine Reaktion nach der Gleichung

$$2\,C_2H_2 + 2\,Na = C_2Na_2 \cdot C_2H_2 + H_2$$

ein[8]. Das erhaltene Produkt bildet ein gelbliches Pulver, das beim Erwärmen über 190° in Acetylen und Acetylendinatrium zerfällt.

Skossarewski[9] gibt für das Mononatriumacetylen der von *Berthelot*[10] aufgestellten Formel C_2HNa den Vorzug, da die Einwirkung von Jod nach folgender Gleichung sich vollzieht:

$$HC \equiv CNa + J_2 = HC \equiv CJ + NaJ;$$
$$HC \equiv CJ + J_2 = JHC = CJ_2.$$

Mononatriumacetylen wird weiter beim Überleiten von Acetylen über Natriumammonium in Gestalt zerflißlicher, rhombischer Blättchen erhalten. Die Reaktion verläuft hierbei nach der Gleichung:

$$3\,C_2H_2 + 2\,NaNH_3 = C_2Na_2C_2H_2 + 2\,NH_3 + C_2H_4\,[11].$$

---

[1] Berichte d. Deutsch. chem. Ges. **38**, 2405.
[2] *Claisen:* Berichte d. Deutsch. chem. Ges. **31**, 1023; *Knorr:* daselbst **37**, 3518.
[3] *Berthelot:* Zeitschr. f. Chemie 1869, 682.
[4] *Birnbaum:* Liebigs Annalen **152**, 111.
[5] *Jahn:* Berichte d. Deutsch. chem. Ges. **13**, 983, 2107.
[6] *Tommasi:* Bulletin de la Soc. chim. (2) **38**, 156; Berichte d. Deutsch. chem. Ges. **15**, 1340.
[7] *Chavastelon:* Compt. rend. de l'Acad. des Sc. **125**, 245; *Bilitzer:* Zeitschr. f. phys. Chemie **40**, 535 bis 544; Monatsh. f. Chemie **23**, 199, 216; *Küspert:* Zeitschr. f. phys.-chem. Untersuchungen **17**, 292; *Skossarewski:* Chem. Ztg. 38 (1914), Nr. 74, S. 794; *Hodgkinson:* Reaktionen mit Metallen. Chem. Zentralbl. 1919, I, 512.
[8] *Moissan:* Compt. rend. de l'Acad. des Sc. **126**, 302.
[9] Journ. d. russ. phys.-chem. Ges. **36**, 863.
[10] Annales de Chim. et de Phys. (4) **9**, 385.
[11] *Moissan:* Compt. rend. de l'Acad. des Sc. **127**, 911.

Acetylennatrium kann ferner erhalten werden, wenn man Acetylen in trockenen Äther mit Natriumamid zusammenbringt und die Reaktion in flüssigem Ammoniak vor sich gehen läßt. Die Ausbeute beträgt 95% der Theorie. Bei 180—210° zerfällt die Verbindung vollständig in Acetylen und Natriumcarbid gemäß der Gleichung:

$$2\ C_2HNa = C_2H_2 + C_2Na_2\ [1].$$

Mononatriumacetylen kann zur Herstellung anderer chemischer Verbindungen sowie normaler Acetylenkohlenwasserstoffe, wie Heptin, Decin und Oktodecin dienen, in dem man es auf Halogenester von Alkoholen und Monohalogenkohlenwasserstoffe der Formel $R \cdot CH_2 \cdot CH_2 \cdot Hal$ usw. einwirken läßt[2].

Das Acetylendinatrium entsteht außer durch Zersetzung der erwähnten Verbindung $C_2Na_2 \cdot C_2H_2$ direkt durch Einwirkung von Acetylen auf metallisches Natrium bei Temperaturen von 210 bis 220°[3]. Das Acetylendinatrium bildet ein weißes, in allen Lösungsmitteln unlösliches Pulver, das von Wasser unter lebhafter Reaktion in Acetylen und Natronlauge zersetzt wird. Bei Rotglut zerfällt es in seine Komponenten Kohlenstoff und Natrium unter teilweiser Bildung höherer Kohlenwasserstoffe. Auf metallisches Kalium jedoch wirkt Acetylen schon bei gewöhnlicher Temperatur etwas ein unter Bildung der Verbindung $C_2K_2C_2H_2$[4]. Bei schwachem Erwärmen geht die Reaktion schneller vor sich[5]. Dieselbe Verbindung entsteht in borsäureähnlichen Krystallen bei der Einwirkung von Acetylen auf Kaliumammonium[6]. Wird diese Verbindung auf etwa 160° erhitzt, so entsteht eine schwarze Masse, die mit Wasser Acetylen entwickelt und somit wohl das mit Kohle verunreinigte Acetylendikalium darstellt.

Durch direkte Einwirkung auf Lithiumsalze bildet sich die Verbindung $Li_2C_2 \cdot C_2H_2$, wenn man Acetylen über Lithiumammonium leitet[7].

Diese Verbindung addiert Ammoniak und bildet hierbei Lithiumcarbidammoniakacetylen $C_2Li_2 \cdot C_2H_2 \cdot (NH_3)_2$, welches sich an der Luft leicht in das normale Acetylendilithium Li_2C_2 zersetzt[8]. Dieses kann auch erhalten werden, wenn Lithium oder Lithiumcarbonat mit Kohle erhitzt werden[9].

Durch Einwirkung von Acetylen auf Caesium- und Rubidiumammonium erhielt *Moissan* die Verbindungen $C_2Cs_2 \cdot C_2H_2$ und $C_2Rb_2 \cdot C_2H_2$[10], während *Erdmann* und *Köthner*[11] bei der Reaktion zwischen Rubidium und Acetylen

---

[1] *Picon:* Compt. rend. de l'Acad. des Sc. **173**, S. 155; Chem. Zentralbl. 1922, III, 544
[2] *Picon:* Chem. Ztg. **43** (1919), S. 656, 727. **44** (1920), S. 248; Chem. Zentralbl. 1919, III 92, 667, 980; *Ruzicka* u. *Fornasir:* Chem. Zentralbl. 1919, I, 815.
[3] *Matignon:* Compt. rend. de l'Acad. des Sc. **124**, 775.
[4] *Moissan:* Compt. rend. de l'Acad. des Sc. **126**, 302.
[5] *Berthelot:* Bulletin de la Soc. chim. (2) **5**, 188.
[6] *Moissan:* Compt. rend. de l'Acad. des Sc. **127**, 914.
[7] *Moissan:* Compt. rend. de l'Acad. des Sc. **127**, 915.
[8] *Moissan:* Compt. rend. de l'Acad. des Sc. **122**, 362.
[9] *Guntz:* Compt. rend. de l'Acad. des Sc. **126**, 1866.
[10] Bulletin de la Soc. chim. **31**, 551 bis 556.
[11] Zeitschr. f. anorgan. Chemie **18**, 52.

ein stark mit Kohle verunreinigtes Produkt erhielten, das mit Wasser Acetylen entwickelte.

Von den Einwirkungsprodukten des Acetylens auf Calcium in wasserfreiem flüssigem Ammoniak ist nur eine Calciumcarbidammoniakacetylenverbindung der Zusammensetzung $CaC_2 \cdot C_2H_2(NH_3)_4$ bekannt, welche prismatische durchsichtige Krystalle bildet. Dieselben zersetzen sich an der Luft leicht unter Bildung von Acetylen, Calciumcarbid und Ammoniak[1]. Im ammoniakfeuchten Zustand in einen Vakuumofen gebracht, kann es bei 150° in ein weißes Pulver von reinem Calciumcarbid umgewandelt werden[2].

Wird metallisches Magnesium im Glasrohr auf 450° erhitzt und dann Acetylen eingeleitet, so entsteht unter Erglühen des Metalls Magnesiumcarbid, das mit Wasser Acetylen liefert, und ein anderer Körper, der mit Wasser zersetzt Allylen gibt. Auch durch Erhitzen von Holzkohle mit metallischem Magnesium erhält man dieselbe Verbindung, die von Wasser unter Entwicklung von Acetylen und Allylen zersetzt wird. Das Acetylen wurde durch Darstellung des Dijodacetylens (Schmelzp. 74°) und seiner Kupferverbindung identifiziert. Allylen entsteht nebenbei in ziemlichen Mengen. *Novak*[3] nimmt an, daß entweder ein neues Magnesiumcarbid oder nebenbei ein Magnesiumallylid entsteht.

Mischungen von flüssigem Acetylen und Ammoniak mit Magnesiumspänen liefern eine Verbindung von der Zusammensetzung $MgC_2 \cdot C_2H_2 \cdot 5\,NH_3$, die bis zu + 2° beständig ist, dann aber in die Verbindung $(MgC_2 \cdot C_2H_2)_2 \cdot 7\,NH_3$ übergeht. Über 60° spaltet diese Verbindung Acetylen und Ammoniak ab und geht bei noch höherer Temperatur in Magnesiumamid, -nitrit und -carbid über. Fast reines Magnesiumcarbid soll erhalten werden, wenn man vor dem Erhitzen der ursprünglichen krystallinischen Verbindung das Ammoniak durch hohes Vakuum unter 0° vollständig entfernt[4].

Eine charakteristische Eigenschaft des Acetylens ist die, in Lösungen vieler Schwermetalle, besonders von Kupfer, Silber und Quecksilber, Niederschläge zu erzeugen, die zum Teil aus explosiven Verbindungen bestehen.

Eine ammoniakalische Lösung von Kupferchlorür gibt mit Acetylen einen braunroten Niederschlag[5], der sowohl beim Erhitzen als auch im trockenen Zustande durch Schlag explodiert. Die Ausfällung erfolgt bei den geringsten Mengen Acetylen, und zwar quantitativ, so daß diese Reaktion zur Trennung von Kupfer von anderen Schwermetallen benutzt werden kann[6].

---

[1] Handb. f. Acetylen 1904, S. 184.

[2] *Thompson, Gonzalez* u. *Blacke:* Metallurg. Chem. Ing. **12** (1914) 779 bis 780; Carbid u. Acetylen 1915, S. 44.

[3] Berichte d. Deutsch. chem. Ges. **42**, 4209 bis 4213.

[4] *Cottrell:* Journ. of Physical Chem. **18** (1914) 85; Chem. Zentralbl. 1914, I, 2034.

[5] *Quet:* Compt. rend. de l'Acad. des Sc. **46**, 903; Liebigs Annalen **108**, 116; *Berthelot:* Annales de Chim. et de Phys. (4) **9**, 385; *Blochmann:* Liebigs Annalen **173**, 174.

[6] *Söderbaum:* Berichte d. Deutsch. chem. Ges. **30**, 760, 814, 902, 3014; *Erdmann:* Zeitschr. f. analyt. Chemie **46**, 125 bis 127; *Erdmann* u. *Makowka:* daselbst **46**, 128 bis 141; *Scheiber:* Berichte d. Deutsch. chem. Ges. **41**, 3816 bis 3828; Zeitschr. f. analyt. Chemie **48**, 529 bis 538; *Schirl:* Zeitschr. f. Calciumcarbid u. Acetylen 1906, 93.

Die Zusammensetzung des Niederschlages entspricht nach *Keiser*[1] der Formel C_2Cu_2, während *Berthelot*, *Blochmann* und *Reboul* glauben, daß diese Verbindung entsprechend den Formeln $(C_2Cu_2H)_2O$ oder $C_2CuH + nCuO$[2] bzw. $C_2H_2Cu_2O$[3] bzw. C_2CuH[4] zusammengesetzt sei. Durch Änderung der Ammoniakkonzentration soll eine Acetylenkupferverbindung erhalten werden, die, mit Salpetersäure berührt, wie ein Sprengstoff explodiert, während andere Säuren sowie Stoß und Schlag nicht einwirken; von anderen Oxydationsmitteln sollen nur Permanganat und Schwefelsäure, Chlor und Brom dieselbe Wirkung ausüben[5].

Cuproacetylen wird bei Anwesenheit von Ammoniak an der Luft durch Oxydation in eine Cupriammoniumverbindung übergeführt. Mit 30 proz. Wasserstoffsuperoxyd entsteht unter Sauerstoffentwicklung Aldehyd. Deshalb glaubt *Makowka*[6], daß die Verbindung $Cu_2C_2H_2O$ den Dicuproacetaldehyd $\begin{smallmatrix}Cu\\ |\\ Cu\end{smallmatrix}\Big\rangle CH \cdot CHO$ darstellt. Nach *Scheiber*[7] haben Versuche dagegen ergeben, daß Kupferacetylür in einer wasserfreien Form C_2Cu_2 und in einer monohydratischen Form $C_2Cu_2H_2O$ existiert. Das Wasser ist ziemlich festgebunden, ähnlich wie Konstitutionswasser bei Salzen. Er hält die Formel $CH \equiv C \cdot Cu \cdot Cu \cdot OH$ für die wahrscheinlichste, da bei der Einwirkung von Schwefelwasserstoff, Schwefelammonium oder Schwefelalkali auf die Kupferacetylenverbindung in der Kälte Acetylen frei wird, was nur möglich ist, wenn die Gruppe $C \equiv C$ vorhanden ist.

Im reinen Zustande kann diese Kupferacetylenverbindung bei einer Temperatur von 100° in Kohlensäureatmosphäre getrocknet werden, ohne zu explodieren[8]; wird sie aber der Einwirkung von Luft ausgesetzt, so kann schon unterhalb dieser Temperatur Explosion eintreten. Es wird angenommen, daß sich durch Oxydation hierbei geringe Mengen des explosiven Diacetylenkupfers bilden[9]. Die Bildung dieses Körpers wird auch angenommen, wenn Salzsäure auf Kupferacetylid einwirkt. Es entwickelt sich hierbei Acetylen, welches beim Stehen Kohlenstoff ablagert und mit Chlor auch im Dunkeln explodiert[10]. *Noyes* und *Tucker*[11] haben nachgewiesen, daß dem durch Behandeln des Kupferacetylürs mit Säuren entstehenden Acetylen kleine Mengen Diacetylen beigemengt sind. Daß die Bildung von Diacetylenkupfer auf einer Oxydation des Cuproacetylids beruht, kann auch daraus geschlossen werden,

---

[1] *Keiser*: Amer. Chem. Journ. **14**, 285.
[2] *Berthelot*: Liebigs Annalen **123**, 214; **138**, 245; **139**, 150, 374; Compt. rend. de l'Acad. des Sc. **54**, 1044; **62**, 455.
[3] *Blochmann*: Liebigs Annalen 173, 176; Berichte d. Deutsch. chem. Ges. **7**, 274.
[4] *Reboul*: Compt. rend. de l'Acad. des Sc. **54**, 1229; Liebigs Annalen **124**, 267.
[5] *Linde*: Chem.-Ztg. **37** (1913), Nr. 32, S. 324.
[6] *Makowka*: Berichte d. Deutsch. chem. Ges. **41**, 824 bis 829.
[7] *Scheiber*: Berichte d. Deutsch. chem. Ges. **41**, 3816.
[8] *Scheiber*: a. a. O.; *May*: Journ. f. Gasbel. **41** (1898), 683.
[9] *Freund* u. *May*: Acetylen in Wissenschaft und Industrie 1898, 286.
[10] *Römer*: Liebigs Annalen **233**, 183.
[11] Amer. Chem. Journ. **19**, 123.

daß sich Acetylenkupfer beim Liegen verändert[1]. Das Diacetylenkupfer besitzt die Formel $\underset{Cu}{C \equiv C \cdot C \equiv C}$. Das Acetylenkupfer C_2Cu_2 kann als Endprodukt der Einwirkung von Acetylen auf ammoniakalische Kupfersalze angesehen werden, während sich dazwischen komplexe Verbindungen anderer Art bilden. *Berthelot* und *Delépine*[2] erhielten eine solche Verbindung von der Zusammensetzung $C_2Cu_2 \cdot 2\,CuJ$, wenn Acetylen auf Kupferjodür in Jodkaliumlösung einwirkte.

Doppelverbindungen von Acetylen mit Kupfersalzen entstehen, wenn Acetylen auf Kupferoxydulsalze in saurer Lösung einwirkt[3]. Leitet man Acetylen in eine absolut alkoholische Lösung von wasserfreiem Kupferchlorür, so bilden sich farblose Nadeln der Zusammensetzung $(Cu_2Cl_2)_3C_2H_2$, die nicht explosiv sind, mit Wasser aber explosives Kupferacetylür bilden[4].

Bei der Reaktion zwischen Kupferchlorür und Acetylen sind nach *Manchot*[5] zu berücksichtigen der Partialdruck, die Temperatur und die Konzentration des Lösungsmittels. Bei Verwendung von verdünnten Kupferchlorürlösungen gleicher Konzentration in Salzsäure wechselnder Konzentration stellte er fest, daß mit Abnahme der Salzsäure mehr Acetylen an Kupferchlorür gebunden wurde. Die Bindung des Acetylens erreicht einen Höchstwert; dann wird wieder Acetylen abgespalten. Die primäre Reaktion besteht in einer Vereinigung von 1 Mol. Kupferchlorür mit 1 Mol. Acetylen: $CuCl + C_2H_2 = CuCl \cdot C_2H_2$. Steigt die Kupferkonzentration, so bildet sich eine zweite Verbindung durch sekundäre Zersetzung des ersten Additionsproduktes gemäß der Gleichung:

$$2\,(CuCl \cdot C_2H_2) \rightleftarrows C_2H_2 + C_2H_2 \cdot 2\,CuCl.$$

Diese Verbindung ist ein schwerlöslicher krystallinischer Körper.

Mit Kupferoxydsalzen vermag Acetylen ebenfalls Verbindungen einzugehen, wobei aber gleichzeitig Polymerisationen eintreten. So entsteht bei der Einwirkung von Acetylen auf eine verdünnte ammoniakalische Lösung von Kupferoxydsalzen bei $+5°$ C ein schwarzes, bei 50 bis 70° explodierendes Pulver der empirischen Zusammensetzung $12\,C_2Cu \cdot H_2O$, welches durch verdünnte Säuren und von Cyankaliumlösungen zersetzt wird, wobei huminartige Verbindungen zurückbleiben. Dabei ist es gleichgültig, ob das Sulfat, Nitrat, Chlorid oder Acetat des Kupfers angewendet wird[6].

---

[1] *Liubawin:* Journ. d. russ. phys.-chem. Ges. **17**, 252.
[2] Compt. rend. de l'Acad. des Sc. **129**, 369.
[3] *Chavastelon:* Compt. rend. de l'Acad. des Sc. **126**, 1810; **127**, 68; **130**, 634, 1764; **131**, 148.
[4] *Hofmann* u. *Küspert:* Zeitschr. f. anorg. Chemie **15**, 204.
[5] Bericht der 83. Versammlung Deutscher Naturforscher und Ärzte. Karlsruhe 1911; Chem.-Ztg. **35** (1911), Nr. 118, S. 1094. Zeitschr. f. angew. Chemie **24** (1911), Nr. 40, S. 1909; *Muller:* Bestimmung des Acetylens in Gasgemischen mit Cuprochloridlösung. Bull. de la Soc. chim. de France **27** (1920), 69; Chem. Zentralbl. 1920, II, 516.
[6] *Söderbaum:* Berichte d. Deutsch. chem. Ges. **30**, 760, 814.

Reckleben und *Scheiber*[1] haben die Einwirkung von rohem und gereinigtem, feuchtem und trockenem Acetylen auf Metalle, besonders auf Kupfer und seine Legierungen eingehend in Dauerversuchen geprüft. Zur Verwendung kamen nachstehende Metalle und Metallegierungen: 1. Zinkpulver, 2. Zinnpulver, 3. Bleifeile, 4. Eisenpulver (Ferr. reduct.), 5. Kupferpulver (aus Oxyd im Wasserstoffstrom), 6. Nickelpulver (aus Oxyd im Wasserstoffstrom), 7. Messing (Cu = 62%, Zn = 35,5%, Pb = 0,9%, Sn = 0,75%), 8. Rotguß (Cu = 71%, Zn = 28,9%), 9. Neusilber (Cu = 60%, Zn = 25%, Ni = 15%, Sn in Spuren), 10. Phosphorbronze (Cu = 85%, Sn = 15%, P = 0,5%, Fe und Pb in Spuren), 11. Aluminiumbronze (Al = 92%, Cu = 4,9%, Sn = 2,6%), 12. Kunstbronze (Cu = 84%, Sn = 4,8%, Al = 7%, Pb = 3,5%), 13. Letternmetall (Pb = 77%, Sb = 15%, Sn = 7%), 14. Schnellot (Pb = 47,5%, Sn = 52,4%, Cu in Spuren).

Die Ergebnisse waren folgende: Reines, trockenes Acetylen wirkte innerhalb 20 Monate auf keine der untersuchten Proben ein. Sämtliche, und zwar Zink, Zinn, Blei, Eisen, Kupfer und Messing, waren in Gewicht und Aussehen unverändert. Reines, feuchtes Acetylen, das mit allen obengenannten 14 Stoffen in Berührung gewesen war, bewirkte beim Nickel 0,9% und beim Kupfer 1,6% Gewichtszunahme. Sonst war keinerlei Einwirkung festzustellen. Rohes, feuchtes Gas ließ Zinn, Rotguß, Neusilber, Aluminiumbronze, Letternmetall und Schnellot fast völlig unverändert. Bei Zink, Blei und Messing wurden Zunahmen von 0,4—0,9% gefunden, bei Nickel 0,9%, Eisen wies 6,4%, Kunstbronze 6% und Phosphorbronze 14,4% Gewichtsvermehrung auf. Gleichzeitig hatten die drei letztgenannten Stoffe ihren metallischen Glanz verloren und waren schwarz geworden. Am meisten wurde Kupfer verändert. Bereits nach 6 Monaten zeigte es eine Zunahme von 92%; es war völlig schwarz geworden. Auch Kupferbleche und Kupferpulver verschiedener Körnung nahmen an Gewicht zu, und zwar Kupferblech in 12 Monaten 80%, grobes Kupferpulver 34,4%. Acetylenkupfer hat sich anscheinend nicht gebildet, wenigstens war es nicht möglich, durch vorsichtiges Erhitzen oder durch Schlag eine explosive Substanz nachzuweisen. Außerdem entwickelten die Proben mit Säuren keine Spur Acetylen. Nachweisbar waren hingegen Spuren von Schwefelwasserstoff. In großer Menge blieb sodann eine schwarze Masse ungelöst, die ihrem ganzen Verhalten nach als eine humoide Substanz anzusprechen war, wie sie bei Einwirkung von Kupfersalzen auf Acetylen leicht entsteht[2].

Erst wenn die schwarzen Schichten mit konzentrierter Salzsäure längere Zeit gekocht wurden, trat in ammoniakalischer Kupferoxydulsalzlösung eine Ausfällung von Acetylenkupfer ein. Demnach scheint es festzustehen, daß sich bei der Einwirkung von rohem Acetylen auf Kupfer u. a. auch stets geringe Mengen eines Acetylids bilden, während reines Acetylen ohne merkliche Einwirkung bleibt.

---
[1] Chem.-Ztg. **39** (1915), Nr. 7/8, S. 42; **40** (1916), Nr. 45; vgl. auch Carbid u. Acetylen 1915, Nr. 8, S. 38; 1916, Nr. 18, S. 85.
[2] Ber. d. Deutsch. chem. Ges. **44**, (1911). 221.

Mit metallischem Kupfer oder auch mit Kupferlegierungen vermag Acetylen hauptsächlich dann Verbindungen einzugehen, wenn das Gas feucht oder mit Ammoniak oder anderen Gasen verunreinigt ist[1]. Es kann sich, wie mehrfach in der Praxis festgestellt wurde, explosives Acetylenkupfer bilden; bei den Legierungen, besonders bei Messing vermutlich erst dann, wenn das Gas lange Zeit mit dem Metall in Berührung war und eine Lösung der Legierung teilweise stattgefunden hat[2]. Wie jahrelange Erfahrungen gelehrt haben, ist eine Einwirkung von Acetylen auf Ventile, Hähne und Brenner aus Messing nicht zu befürchten[3].

Nach *Melentjeff* (D. R. P. Nr. 177 349) soll sich die Bildung von Acetylenkupfer bei kupfernen Acetylenentwicklern dauernd verhindern lassen, wenn sie mit solchen Metallen in Berührung gebracht werden, welche eine Potentialdifferenz zeigen, z. B. mit Zink. — Die Einwirkung von Acetylen auf erhitztes Kupfer wird noch unter „Polymerisation"[4] besprochen werden.

Beim Einleiten von Acetylen in eine konzentrierte ammoniakalische Silberlösung entsteht ein weißer Niederschlag von der Zusammensetzung C_2Ag_2[5], der je nach der Schnelligkeit der Erwärmung zwischen 120 und 200° explodiert[6]; in verdünnter ammoniakalischer Silbernitratlösung entsteht dagegen zuerst ein hellgelber Niederschlag[7], der wahrscheinlich eine Doppelverbindung $C_2Ag_2 \cdot AgNO_3$[8] darstellt und bei weiterer Einwirkung von Acetylen in die normale Verbindung C_2Ag_3 übergeht.

Ähnliche Doppelverbindungen erhält man bei der Einwirkung von Acetylen auf ammoniakalische Silberacetat-, Silberchlorid- und Silberjodidlösung. Diese Verbindungen besitzen ein gemeinsames Radikal C_2Ag_3[9]. Auch mit wässerigen und sauren Silberlösungen vermag Acetylen unter Bildung der verschiedensten Doppelverbindungen zu reagieren[10]. Das aus ammoniakalischer

---

[1] *Pictet* sowie *Grittner:* Verhandl. d. Budapester Kongr. 1899; *Gerdes:* Glasers Annalen **43**, 105; *Crova:* Compt. rend. de l'Acad. des Sc. **60** (1865), 415.

[2] Carbid u. Acetylen 1915, Nr. 12, S. 55; Chem.-Ztg. **40** (1916), Nr. 45; Mitteilungen des Schweizerischen Acetylenvereins 1920, Nr. 1; s. a. Carbid u. Acetylen 1920, Nr. 18, S. 73.

[3] Nach den Mitteilungen des Schweizerischen Acetylenvereins 1919, Nr. 1, sollen in Amerika bei Verwendung von Acetylen unter hohem Druck (gelöstes Acetylen) an Flaschenventilen aus Messing Explosionen beobachtet worden sein. Man baue daher die Flaschenventile aus Eisen. Diese Tatsache ist um so verwunderlicher, als gerade gelöstes Acetylen besonders gut gereinigt ist. Es ist daher die Vermutung nicht von der Hand zu weisen, daß bei diesen Explosionen noch andere Ursachen mitgewirkt haben, wie etwa doch vorhandene Verunreinigungen des Acetylens oder des Acetons; ; vgl. a. a. O. 1919, Nr. 5; s. a. Carbid u. Acetylen 1920, Nr. 3, S. 14.

[4] Vgl. S. 48.

[5] *Keiser:* Amer. Chem. Journ. **14**, 286; *Küspert:* Zeitschr. f. physik.-chem. Untersuchungen **17**, 292.

[6] *Willgerodt:* Berichte d. Deutsch. chem. Ges. **28**, 2108; *Stettbacher:* Zeitschr. f. d. ges. Schieß- und Sprengstoffwesen 1916, S. 1—4.

[7] *Plimpton:* Proc. Chem. Soc. 1892, 109.

[8] *Arth:* Compt. rend. de l'Acad. des Sc. **124**, 1534.

[9] *Berthelot* u. *Delépine:* Compt. rend. de l'Acad. des Sc. **129**, 361 bis 378.

[10] *Plimpton:* Proc. Chem. Soc. 1892, 109; *Chavastelon:* Compt. rend. de l'Acad. des Sc. **124**, 1364; **125**, 245; *Berthelot* u. *Delépine:* Compt. rend. de l'Acad. des Sc. **129**, 362; *Oberdoerfer* u. *Nieuwland:* Chem. Zentralbl. 1922, III, 124.

Lösung gefällte Acetylensilber steht an Explosionswirkung weit hinter dem aus neutraler oder schwach salpetersauren Lösung ausgefällten zurück[1]. Es wird durch Säuren unter Entwicklung von Acetylen gelöst, während es in anderen Lösungsmitteln unlöslich ist. Mit organischen Nitrokörpern ist es, selbst nur in Berührung mit denselben, höchst druck- und schlagempfindlich[2]. Die bei der Explosion des aus saurer Lösung gefällten Acetylensilbers entstehende Gasmenge ist etwa 10 mal größer als diejenige des aus ammoniakalischer Lösung gefällten[3]; es scheint, daß die aus neutraler oder schwach salpetersaurer Lösung ausgefällten Körper sauerstoffhaltig sind, weil im Gegensatz zum ammoniakalischen Körper bei der Explosion kaum eine Rußabscheidung eintritt[4]. Bei der Einwirkung von Acetylen auf metallisches Silber entstehen wie beim Kupfer Kondensationsprodukte.

Die Einwirkung von Acetylen auf Quecksilbersalze ist einerseits der auf Kupfer- und Silbersalze analog, andererseits entstehen aber außerdem durch Substitution und Addition Abkömmlinge des Acetaldehyds.

Durch Einleiten von Acetylen in eine alkalische Quecksilberlösung entsteht ein weißer flockiger Niederschlag[5] der Zusammensetzung C_2Hg, der sehr explosiv ist[6]. Derselbe löst sich in Salzsäure unter Entwicklung von Acetylen und gibt mit Jod Dijodacetylen.

Ähnliche Verbindungen, welche mit Halogen Halogenderivate und mit Säuren oder Cyankalium Acetylen ergeben, erhält man u. a. beim Erhitzen einer Lösung von frisch gefälltem Quecksilberoxyd in Ammoniak und Ammoniumcarbonat mit Acetylen. Das Reaktionsprodukt ist ein weißes Pulver der Zusammensetzung $3 C_2Hg \cdot H_2O$[7], das mit Halogenen Verbindungen wie C_2Cl_6, C_2Br_4, C_2J_4 ergibt. Beim Zersetzen mit Säure wird außer Acetylen etwas Acetaldehyd erhalten. Beim Einleiten von Acetylen in Quecksilberacetatlösung entsteht eine Verbindung $2 C_2H_2 \cdot 3 HgO$, welche weder explosiv ist, noch durch Salzsäure unter Abspaltung von Acetylen zersetzt wird[8].

Wirkt Acetylen auf kalte, wässerige Sublimatlösung ein, so entsteht ein Niederschlag der Zusammensetzung $C_2H_2 \cdot 3 HgCl_2 \cdot 3 HgO$[9]; bei gewöhnlicher oder höherer Temperatur dagegen entsteht eine Verbindung $C_2(HgCl_2)_4 + H_2O$, die beim Zersetzen mit Salzsäure hauptsächlich Acetaldehyd gibt[10].

---

[1] *Eggert:* Zeitschr. f. angew. Chemie **31** (1918) (III), Nr. 40 (Bericht über die 24. Hauptversammlung der Deutschen Bunsengesellschaft). Chem.-Ztg. **42** (1918), Nr. 49; *Stettbacher:* a. a. O.; s. a. Zeitschr. f. angew. Chemie **32** (1919) II, S. 126/127; Carbid u. Acetylen 1919, Nr. 7, S. 27; Nr. 24, S. 95.
[2] *Stettbacher:* a. a. O.
[3] *Eggert:* a. a. O.
[4] *Stettbacher:* a. a. O.
[5] *Basset:* Zeitschr. f. Chemie 1869, 314; Chem. News **19**, 28.
[6] *Keiser:* Amer. Chem. Journ. **15**, 535.
[7] *Plimpton* u. *Travers:* Journ. Chem. Soc. **27**, 266; **65**, 265; Chem. News **69**, 81.
[8] *Plimpton:* Proc. Chem. Soc. 1892, 109.
[9] *Peratoner:* Gazetta chimica ital. **24**, 42.
[10] *Kutscherow:* Berichte d. Deutsch. chem. Ges. **17**, 13; **14**, 1532; *Keiser:* Amer. Chem. Journ. **15**, 535; *Krüger* u. *Pückert:* Chem. Industrie 1895, 454; *Brame:* Journ. Chem. Soc. **87**, 427; Proc. Chem. Soc. **21**, 119.

Hofmann[1] sieht die Verbindung $C_2Hg_3Cl_4$ als Zwischenprodukt des Trichlormercuriacetaldehyds[2] an, in den sie durch Wasser übergeht. In saurer Sublimatlösung hingegen entstehen wahre Acetylenabkömmlinge, z. B. $C_2H_2 \cdot HgCl_2$. Diese Verbindung geht beim Kochen mit Alkalien in die Verbindung $(C_2H_2)_2Hg$ über, die bei 230° explodiert[3]. *Chapmann* und *Jenkins*[4] ist es gelungen, eine Verbindung $HgCl_2 \cdot C_2H_2$ zu isolieren, welche in organischen Lösungsmitteln löslich ist, einen Schmelzpunkt von 113° besitzt und vermutlich die Zusammensetzung $ClHg\,CH = CHCl$ besitzt. Sie dürfte als erstes Zwischenprodukt bei der Synthese des Acetaldehyds auftreten.

Leitet man Acetylen in eine salpetersaure Quecksilberoxydnitratlösung bei gewöhnlicher Temperatur ein, so entsteht ein nichtexplosives Produkt der Zusammensetzung $C_2Hg_2NO_4H$, das mit Salzsäure stets Aldehyd liefert. Daß somit diese Verbindung ein Aldehydabkömmling ist, läßt sich auch dadurch beweisen, daß dieselbe Verbindung aus Mercurinitrat und Acetaldehyd erhalten wird[5]. Einen fein krystallinischen Körper $C_2Hg_3NO_4H_2$, der bei Zersetzung mit Salzsäure oder Cyankalium ebenfalls Acetaldehyd liefert, erhält man beim Einleiten von Acetylen in eine 10 proz. Mercurinitratlösung[6]. Die Verbindung stellt jedenfalls einen dreifach substituierten Aldehyd dar[7]. Mit Mercuronitrat und Acetylen entsteht Quecksilber und die gleiche Verbindung wie bei Mercurinitrat[7]. Quecksilbercyanid gibt in alkalischer Lösung mit Acetylen einen weißen Niederschlag von Quecksilberacetylid[8]. Diese Reaktion wird zur gasanalytischen Trennung von Acetylen, Äthylen und Benzol verwendet[9].

Wird Acetylen in eine salpetersaure Mercurinitratlösung eingeleitet, so scheiden sich unter Entwicklung von Kohlensäure und Stickoxyden Krystalle von Oxalsäure aus[10].

Einen reinen Acetylenabkömmling erhält man aus frisch bereitetem Mercuroacetat und Acetylen in Form eines grauen Pulvers. Dieses ist explosiv und gibt mit Salzsäure Acetylen. Mit Jod entsteht aus der Verbindung Dijodacetylen[11]. *Nieuwland*[12] erhielt eine Acetylenquecksilberfluoridverbindung,

---

[1] *K. A. Hofmann:* Berichte d. Deutsch. chem. Ges. **31**, 2212, 2783; **32**, 874; **37**, 4459; *Köthner:* daselbst **31**, 2475.

[2] *Biltz* u. *Mumm:* Berichte d. Deutsch. chem. Ges. **37**, 4417; **38**, 133.

[3] *Biginelli:* Annali di Farmacoterap. e Chim. 1898, 16 bis 20; *Bergé* u. *Reychler:* Bulletin de la Soc. chim. (3) **17**, 218.

[4] *Chapman* u. *Jenkins:* J. Sc. Chem. Ind. 1919, 17/655, A; *Manchot:* Über die Konstitution des Einwirkungsprodukts von Acetylen auf Quecksilberchlorid. Liebigs Annalen Chem. 1918, **417**, 93—106; Chem. Zentralbl. 1919, I, 348.

[5] *K. A. Hofmann:* Berichte d. Deutsch. chem. Ges. **31**, 2212, 2783; **32**, 874; **37**, 4459; *Köthner:* daselbst **31**, 2475.

[6] *Erdmann* u. *Köthner:* Zeitschr. f. anorgan. Chemie **18**, 48; *Köthner:* Dissert. über Rubidium und einige Beobachtungen über Acetylen (Halle 1896).

[7] *Hofmann:* Berichte d. Deutsch. chem. Ges. **31**, 2783.

[8] *Hofmann* u. *Kirmreuther:* Berichte d. Deutsch. chem. Ges. **41**, 314.

[9] *Treadwell* u. *Tauber:* Helv. chim. Acta **2** (1919) 601; Chem. Zentralbl. 1920, II, 516.

[10] *Kearns, Heiser* u. *Nieuwland:* Journ. Americ. Chem. Soc. **45** (1923), 795; Brennstoffchemie 1923, S. 237.

[11] *Plimpton:* Proc. Chem. Soc. 1892, 109.

[12] Dissert. Notre Dame University Indiana 1904.

wenn in eine Lösung von frisch gefälltem Quecksilberoxyd in konzentrierter Fluorwasserstoffsäure Acetylen eingeleitet wurde, als einen weißen flockigen Niederschlag. Dieser gab mit Jodjodkaliumlösung Jodoform, ist also anscheinend ebenfalls ein substituierter Aldehyd oder ein substituierter Vinylalkohol. Gegen Ende der Reaktion war freier Acetaldehyd vorhanden. Seine Bildung läßt sich folgendermaßen darstellen:

$$C_2H_2 + 2\ HgF_2 = C_2(HgF)_2 + 2\ HF$$
$$C_2(HgF)_2 + HOH = CH(HgF) : C(HgF)OH$$
$$CH(HgF) : C(HgF)OH + 2\ HF = CH_2 : CHOH + 2\ HgF_2$$
$$CH_2 : CHOH = CH_3CHO$$

Aus Lösungen von Gold, Palladium und Osmium[1] vermag Acetylen ebenfalls Verbindungen auszufällen, und zwar werden Gold und Osmium als Metall ausgeschieden, und zwar das Osmium erst nach längerem Einleiten von Acetylen, während man es kolloidal sofort erhält bei Verwendung einer Acetylen-Acetonlösung.

Das Palladiumacetylen wird erhalten durch Einleiten von Acetylen in Palladiumchlorürlösung. Es bildet ein rotbraunes lockeres Pulver von saurer Reaktion, dessen Zusammensetzung anscheinend PdC_4H_5OCl, also ein Abkömmling des Palladiumdiacetylens $Pd(C \equiv CH)_2$ ist. Wird Palladiumacetylen mit Kali verschmolzen, die Schmelze mit Schwefelsäure zersetzt und dann mit Wasserdampf destilliert, so erhält man Buttersäure[2]. Die Reaktion verläuft hierbei nach folgender Gleichung:

$$PdC_4H_5OCl + 2\ H_2O = C_4H_8O_2 + HCl + PdO,$$

so daß dem Reaktionsprodukt aus Palladiumchlorür und Acetylen die Zusammensetzung:

$$CH_3 \cdot CH \cdot CCl \cdot CHO \quad \text{Palladochlorbutyraldehyd}$$
$$\diagdown Pd \diagup$$

zukommen würde.

Antimonpentachlorid gibt mit Acetylen eine Verbindung $SbCl_5 \cdot C_2H_2$, die beim Destillieren in Antimontrichlorid $SbCl_3$ und Dichloräthylen zerfällt.

Antimontrichlorid[3] ist fast ohne Einwirkung auf Acetylen. Aluminiumchlorid absorbiert in geschlossenen Gefäßen reines Acetylen vollständig. Beim Zersetzen der erhaltenen Verbindung mit Salzsäure bildet sich Acetylen[4]. Beim Überleiten von Acetylen über Aluminiumchlorid bilden sich Kondensationsprodukte. Auf Salze von Eisen, Nickel, Kobalt, Blei, Cadmium, Platin, Iridium, Rhodium wirkt Acetylen weder im kalten noch heißen

---

[1] *Erdmann* u. *Köthner:* Zeitschr. f. anorgan. Chemie **18**, 53; *Philipps:* daselbst **6**, 229; *Erdmann* u. *Makowka:* Zeitschr. f. analyt. Chemie **46**, 141 bis 145; Berichte d. Deutsch. chem. Ges. **37**, 2694; *Makowka:* Zeitschr. f. analyt. Chemie **46**, 145 bis 150; Berichte d. Deutsch. chem. Ges. **41**, 824 u. 943; s. a. S. 31.

[2] *Makowka:* Zeitschr. f. Calciumcarbid u. Acetylen 1908, 35.

[3] *Nieuwland:* Dissert.

[4] *Baud:* Compt. rend. de l'Acad. des Sc. **130**, 1319.

Zustande ein[1]. Behandelt man Acetylen mit Goldsalzen, z. B. Goldchlorid oder -bromid, oder den Halogeniden des Osmiums, Molybdäns oder Wolframs, so erhält man das sehr reaktionsfähige Glyoxal (CHO—CHO), einen eigentümlichen Körper, der in monomerem Zustande ein smaragdgrünes Gas darstellt[2]. Zink- und Arsensalze sowie Verbindungen von Zinn geben mit Acetylen keine Reaktion[3], jedoch beobachtete *Dafert*, daß sich Acetylen mit Arsentrichlorid in der Kälte bei Gegenwart von Aluminiumchlorid zu einer neuen Verbindung der Formel $AsCl_3 \cdot 2\,C_2H_2$, dem Diacetylenarsentrichlorid vereinigt. Dasselbe stellt ein schweres gelbes Öl (spez. Gew. 1,6910; Siedep. 250° C) dar, das beim Erhitzen mit Kalilauge wieder Acetylen abspaltet. Es besitzt, verglichen mit den verwandten Antimon- und Aluminiumverbindungen, eine auffallende Beständigkeit, die durch die Destillierbarkeit und das Verhalten gegen Wasser gekennzeichnet ist. In der Wärme entsteht eine tiefschwarz gefärbte, gegen Reagenzien sehr widerstandsfähige, aber lichtempfindliche, hochmolekulare organische Arsenverbindung, die in ihren Eigenschaften den von *Baud* entdeckten Aluminiumverbindungen gleicher Herkunft ähnelt[4].

Additions- und Substitutionsprodukte des Acetylens.

Acetylen vermag infolge seiner Natur als ungesättigter Kohlenwasserstoff eine große Anzahl von Reaktionen einzugehen, von denen die wichtigsten die Additionsreaktionen sind. Infolgedessen kann Acetylen 2 bzw. 4 Wasserstoffatome binden unter Bildung von Äthylen und Äthan.

$$C_2H_2 + H_2 = C_2H_4 \quad \text{und} \quad C_2H_2 + 2\,H_2 = C_2H_6.$$

Wilde[5] hat zuerst aus Acetylen und Wasserstoff Äthylen erhalten, wenn er die beiden Gase über Platinmohr streichen ließ. *Berthelot*[6] erhielt Äthylen, wenn er Acetylen aus Acetylenkupfer entwickelte und darauf nascierenden Wasserstoff aus Zinkstaub und Ammoniak einwirken ließ. Wurde der Wasserstoff aus saurer Lösung entwickelt, so konnten keine guten Ausbeuten erhalten werden. *Krüger* konnte bei Wiederholung dieser Versuche jedoch kein Äthylen nachweisen[7]. Auch *Wood*[8] gelang es nicht, Äthylen zu erhalten, wenn er Kupferacetylid mit Zink und Schwefelsäure behandelte.

Sabatier und *Senderens*[9] untersuchten die Einwirkung von fein verteilten Metallen, wie Platin, Nickel, Kobalt, Kupfer und Eisen auf ein Gemisch von

---

[1] *Erdmann*: Acetylen in Wissenschaft und Industrie 1898, 166; Zeitschr. f. anorgan. Chemie **18**, 53; *Philipps*: daselbst **6**, 240.
[2] *Kindler*: Berichte d. Deutsch. chem. Ges. **54** (1921), S. 647; *Koetschau*: Zeitschr. f. angew. Chemie **34** (1921), Nr. 61, S. 403; D. R. P. Nr. 362 745, Kl. 12 o vom 6. Januar 1921; Chem. Zentralbl. 1923, II, 478; vgl. a. S. 44.
[3] *Söderbaum*: Berichte d. Deutsch. chem. Ges. **30**, 902, 3014; *Nieuwland*: Dissert.
[4] *Dafert*: Chem.-Ztg. **43** (1919), 501.
[5] Berichte d. Deutsch. chem. Ges. **7**, 353.
[6] Annales de Chim. et de Phys. (3) **57**, 51.
[7] Elektrochem. Zeitschr. 1895, 32; Chem. Industrie **18**, 459.
[8] Chem. News **78**, 308.
[9] Compt. rend. de l'Acad. des Sc. **128**, 173; **130**, 250, 1559, 1628, 1762; **131**, 40.

Wasserstoff und Acetylen und fanden, daß unter gewissen Bedingungen (Temperatur und Zeit) Äthylen, Äthan und andere Kohlenwasserstoffe der aliphatischen und aromatischen Reihe erhalten werden konnten.

Die Darstellung von Äthylen und Äthan aus Acetylen geschieht nach D. R. P. Nr. 262 541[1] durch Anlagerung von Wasserstoff in Gegenwart von Katalysatoren, wie Nickel, Kupfer, und zwar werden die zu vereinigenden Gase nicht von vornherein in dem Verhältnis miteinander gemischt, in dem sie sich vereinigen sollen, damit durch die auftretende Reaktionswärme keine zu große Temperatursteigerung stattfindet.

Traube[2] führt zwecks Gewinnung von Äthylen die Anlagerung von Wasserstoff in Gegenwart von sauren Chromoxydulsalzen aus, die dabei in Chromoxydsalz übergehen, aber während des Prozesses regeneriert werden können.

Im großen soll man Äthylen erhalten, wenn man gereinigtes Acetylen in eine Lösung von Chromsulfat leitet, die elektrolytisch aus Chromalaun in der Kathodenzelle eines Elektrolyseurs hergestellt wird. Diese soll das Acetylen sehr schnell absorbieren unter Entwicklung von Äthylen[3].

Bilitzer[4] gelang die Addition von Wasserstoff an Acetylen, wenn Kalilauge elektrolysiert und Acetylen an der Kathode eingeleitet wurde. Der elektrolytische Wasserstoff vereinigte sich dann mit dem Acetylen unter Bildung von Äthylen und Äthan. Jedoch gelangen die Versuche nur, wenn schwache Ströme zur Verwendung gelangten. Neben dieser direkten Einwirkung von Wasserstoff auf Acetylen bildet sich noch Äthylen neben Metallacetylid aus Acetylen, wenn dieses auf Natriumammonium einwirkt[5].

$$3\,C_2H_2 + 2\,NH_3Na = C_2H_4 + C_2H_2C_2Na_2 + 2\,NH_3.$$

Acetylen mit Wasserstoff über kolloidales Palladium[6] oder frisch reduziertes Nickel geleitet, ergibt Äthan an Stelle von Äthylen, wenn nicht vorher die Adsorptionsfähigkeit des Palladiums oder Nickels gegenüber Wasserstoff durch Sättigen mit Acetylen aufgehoben wird[7].

Die Einwirkung von Chlor auf Acetylen ist bedeutend intensiver als die von Wasserstoff. Es bilden sich hierbei ebenfalls Verbindungen der Äthylen- als auch der Äthanreihe. Reines luftfreies Acetylen wird von Chlor bei Lichtabschluß nicht angegriffen[8]. Bei zerstreutem Licht tritt zuerst eine ziemlich langsam verlaufende Reaktion zu Dichloräthylen, dann eine rasch verlaufende

---

[1] *Lane, Ryberg* u. *Kinberg:* D. R. P. Nr. 262 541; Chem.-Ztg. **37** (1913); Chem.-techn. Übersicht Nr. 96/98, S. 451.

[2] D. R. P. Nr. 287 565, 295 976, Kl. 12 o, Gruppe 19.

[3] *Chevalier* u. *Bourget:* Fr. Pat. Nr. 526 129 vom 1. Oktober 1921; Chem.-Ztg. **46** (1922) Chem.-techn. Übersicht Nr. 28/30, S. 82.

[4] Monatshefte f. Chemie **23**, 203; Zeitschr. f. Elektrochemie **7** (1901), 959.

[5] *Moissan:* Compt. rend. de l'Acad. des Sc. **127**, 915.

[6] *Politt:* Chemical Age 1921, **5**, 88; Chem.-Ztg. **45** (1921); Chem.-techn. Übersich Nr. 107/109, S. 233.

[7] *Ross, Culbertson* u. *Parsons:* Journ. Ind. Eng. Chem. **13** (1921), 775; s. a. Chem Ztg. **46** (1922); Chem.-techn. Übersicht Nr. 16/18, S. 46; Brennstoffchemie 1922, S. 221

[8] *Schlegel:* Liebigs Annalen **226**, 154.

zu s-Tetrachloräthan ein[1]. Ist dagegen das Acetylen nur etwas verunreinigt mit Luft[2] oder, wenn es aus seiner Kupferverbindung dargestellt wird, mit Salzsäure[3], so tritt schon bei zerstreutem Licht bei der Einwirkung von Chlor eine heftige Explosion ein.

Behandelt man Dichloräthylen mit alkalischer Quecksilbercyanidlösung, so erhält man unter Salzsäureabspaltung Mercurichloracetylid $Hg(C \equiv CCl)_2$, das beim Erwärmen mit Cyankali in alkalischer Lösung in Chloracetylen $CH \equiv CCl$ übergeht. In ammoniakalischer Silber- oder Kupferlösung erzeugt Chloracetylen einen weißen bzw. orangegelben Niederschlag, die beide viel heftiger explodieren als Acetylensilber und Acetylenkupfer[4].

Reines Acetylen kann mit Chlor explodieren, wenn das Gemisch mit einer Gasflamme[5] oder Magnesiumlicht[6] bestrahlt wird.

Nef[7] nimmt an, daß eine Verunreinigung des Acetylens durch ein Isomeres hervorgerufen wird, das er Acetyliden $C:CH_2$ nennt; dieses soll die Ursache der Explosion sein.

Lawrie[8] bestätigt die Annahme, daß zwei Reihen von Substitutionsprodukten des Acetylens vorhanden sind, und zwar Monohalogenacetylene $RC \equiv CH$ und Acetylidene $HCR = C$ und Diacetylene $RC \equiv CR$ und Diacetylidene $R_2C = C$. Hiernach sind die mono- und dihalogenierten Acetylenverbindungen als Acetylidenverbindungen anzusehen. Die von *Lemoult*[9] durch Einwirkung von alkoholischem Kali auf Tribromäthylen erhaltene Verbindung ist demnach ein Tribromacetyliden $Br_2C = C$, da sie Jodwasserstoff anlagert und in die Verbindung $Br_2C = CHJ$ übergeht.

Nieuwland[10] konnte Acetylentetrachlorid durch direkte Vereinigung von Chlor und Acetylen erhalten, wenn die Versuche bei niederer Temperatur (1 bis 2° C) vorgenommen wurden. Weiter erhielt er Tetrachloräthan und Hexachloräthan, wenn er in Sulfurylchlorid in Gegenwart von Aluminiumchlorid bei gewöhnlicher Temperatur Acetylen einleitete, ohne daß Explosion eintrat. Wurde dagegen Acetylen in die erwärmte Mischung eingeleitet, so konnten Explosionen nicht verhindert werden. Die Reaktion beruht darauf, daß bei der Mischung von Aluminiumchlorid und Sulfurylchlorid Chlor frei wird, das dann mit Acetylen reagiert:

$$AlCl_3 + SO_2Cl_2 \rightleftarrows AlCl_3 \cdot SO_2 + Cl_2.$$

Ferner erhielt er Tetrachloräthan bei der Einwirkung von Schwefelchlorür (S_2Cl_2) und Schwefeldichlorid (SCl_2) auf Acetylen bei Anwesenheit von Aluminiumchlorid. Wurde Acetylen in ein kochendes Gemisch von konzentrierter

---

[1] *Römer:* Liebigs Annalen **233**, 214.
[2] *Mouneyrat:* Bulletin de la Soc. chim. (3) **19**, 448.
[3] *Römer:* Liebigs Annalen **233**, 182.
[4] *Hofmann* u. *Kirmreuther:* Berichte d. Deutsch. chem. Ges. **42**, 4232.
[5] *Schlegel:* Liebigs Annalen **226**, 153.
[6] *Ahrens:* Metallcarbide, S. 20.
[7] Liebigs Annalen **298**, 230, 332.
[8] Amer. Chem. Journ. **36**, 487.
[9] Compt. rend. de l'Acad. des Sc. **136**, 1333.
[10] Dissert.

Salz- und Salpetersäure (Königswasser) eingeleitet, so konnten ebenfalls Tetra- und Hexachloräthan erhalten werden. Dieselben Produkte entstanden, wenn Königswasser auf nascierendes Acetylen einwirkte; dies wurde durch Eintragen von Calciumcarbid in das Säuregemisch erreicht.

Chloradditionsprodukte des Acetylens werden zum Teil jetzt technisch hergestellt. Es kann deswegen hier auf dieses besondere Kapitel verwiesen werden[1].

Die Einwirkung von Brom auf Acetylen ist ebenfalls energisch, jedoch geht die Bildung von Additionsprodukten nicht unter Explosionserscheinungen vor sich. Die Reaktion verläuft wie beim Chlor, indem sich zuerst Acetylendibromid (Dibromäthylen) $CHBr = CHBr$ und dann symm. Tetrabromäthan $C_2H_2Br_4$ bildet. Die erste Verbindung ist eine farblose Flüssigkeit vom Siedepunkt 110°. Sie wird erhalten, wenn man zu einer Lösung von Acetylen in absolutem Alkohol Brom langsam zutropfen läßt[2]. Die zweite Verbindung ist ebenfalls eine farblose Flüssigkeit vom Siedep. 137° und wird erhalten, wenn man Acetylen in unter Wasser befindliches Brom einleitet[3], jedoch nur bei Einwirkung von Licht[4]. Es bildet sich hierbei aber auch noch Bromäthylenbromid $CH_2Br : CHBr_2$. Symm. Tetrabromäthan entsteht auch, wenn man Acetylen in Brom bei niederer oder auch bei gewöhnlicher Temperatur leitet[5]. Bei der Einwirkung von Brom auf Acetylen ist nur das symm. Dibromäthylen festgestellt worden[6], obgleich theoretisch noch ein stereoisomeres möglich ist.

Aus Dibromäthylen erhält man durch alkalische Quecksilbercyanidlösung analog dem Dichloräthylen Mercurimonobromacetylid, das sich bei 153 bis 155° schwärzt und unter Feuererscheinungen verpufft. Kochende verdünnte Salzsäure spaltet es in Quecksilberchlorid und Monobromacetylen. Dieses entzündet sich wie das Chloracetylen an der Luft von selbst und verbrennt bei mangelhaftem Luftzutritt unter Rußabscheidung. In Gegenwart von viel Luft tritt Explosion ein[7].

Leitet man Acetylen in erwärmtes Brom bei gleichzeitiger Luftzuführung in Anwesenheit von Kupferchlorür, so bildet sich die Verbindung $C_4H_2Br_4$[8].

Tetrabromäthan ($C_2H_2Br_4$) wird industriell zur Erztrennung auf gravimetrischem Wege verwendet[9].

Jod wirkt auf Acetylen nicht in dem Maße ein wie Chlor und Brom. Leitet man Acetylen in eine alkoholische Jodlösung ein, so bildet sich das

---

[1] Vgl. S. 52.
[2] Liebigs Annalen 178, 116.
[3] *Reboul:* Liebigs Annalen 124, 269; Compt. rend. de l'Acad. des Sc. 54, 1229.
[4] *Berthelot:* Bulletin de la Soc. chim. (2) 9, 372.
[5] *Elbs* u. *Neumann:* Journ. f. prakt. Chemie (2) 58, 245 bis 254.
[6] *Gray:* Journ. Chem. Soc. 71, 1023.
[7] *Hofmann* u. *Kirmreuther:* Berichte d. Deutsch. chem. Ges. 42, 4232.
[8] *Noyes* u. *Tucker:* Amer. Chem. Journ. 19, 123.
[9] *Gandillon:* Vortrag, gehalten auf der Hauptversammlung des Deutschen Acetylenvereins am 14. September 1923; s. a. Autogene Metallbearbeitung 1923, Nr. 20. — Über die Einwirkung von Phenylmagnesiumbromid auf Acetylentetrabromid und -chlorid berichtet *Swarts:* Chem. Zentralbl. 1919, III, 665/666.

symm. Dijodäthylen $CHJ = CHJ$[1]. Diese Verbindung bildet farblose Nadeln vom Schmelzp. 73° und Siedep. 192°[2]. Sie wird auch erhalten, wenn man Acetylen in eine Lösung von Jod in Essigsäure einleitet[3].

Leitet man dagegen Acetylen in eine Lösung von Jod in Jodsäure (1 : 2), so entsteht in der Hauptsache ein flüssiges Produkt gleicher Zusammensetzung neben wenig festen Dijodäthylens[4]. Auf Jodsäureanhydrid wirkt Acetylen unter Ausscheidung von Jod ein[5].

$$J_2O_5 + C_2H_2 = J_2 + 2\,CO_2 + H_2O.$$

Das flüssige Dijodäthylen wird auch erhalten, wenn man Jod im Paraffinbad schmilzt, auf 140 bis 160° erhitzt und dann Acetylen einleitet[6]. Das erhaltene ölige Produkt kann man durch abwechselndes Erstarren und Flüssigmachen von dem mit entstehenden festen Produkt trennen.

Erwärmt man dieses ölige Produkt, das einen Siedep. von 185° besitzt, mit Jodwasserstoffsäurelösung, so geht es in das feste Dijodäthylen über. *Keiser*[6] nimmt an, daß das flüssige Dijodäthylen ein Raumisomeres des festen ist. *Paterno* und *Peratoner*[7] dagegen glauben, daß das flüssige Produkt kein Dijodäthylen, sondern eine Verbindung $CH_3CO_2CJ = CHJ$ ist.

Leitet man Acetylen in eine ätherische Jodlösung beim Erwärmen, so erhält man neben dem Dijodid auch Tetrajodid $C_2H_2J_4$[8]. Durch Einwirkung von Jod in ätherischer Lösung auf Acetylensilber[9] erhält man das Dijodacetylen $CJ \equiv CJ$ neben Tetrajodäthylen. Es wirkt also Jod in diesem Falle nicht addierend, sondern auch substituierend auf Acetylen ein[10]. Tetrajodäthylen entsteht auch in geringer Menge durch Einwirkung von Acetylenkupfer auf eine Jod-Jodkaliumlösung[11]. Ferner wird es erhalten durch weitere Einwirkung oder durch Spaltung des Dijodacetylens[12].

$$2\,C_2J_2 = C_2J_4 + C_2.$$

Es können aber auch aus Jod und freiem Acetylen Jodsubstitutionsprodukte erhalten werden, wenn dieses im Statu nascendi auf Jod einwirkt. So erhält man ein Gemisch von Dijodacetylen und Tetrajodäthylen in etwa 20% Ausbeute, wenn man zu einem Gemisch von Bariumcarbid, Jod und Benzol Wasser tropfen läßt[13].

---

[1] *Sabanejeff:* Liebigs Annalen **178**, 118; *Berthelot:* daselbst **132**, 122; *Biltz:* Berichte d. Deutsch. chem. Ges. **30**, 1207.

[2] *Plimpton:* Journ. Chem. Soc. **41**, 382.

[3] *Paterno* u. *Peratoner:* Gazetta chimica ital. **19**, 589.

[4] *Paterno* u. *Peratoner:* a. a. O.

[5] *Jaubert:* Journ. de l'Electrolyse 1906, 217; Compt. rend. de l'Acad. des Sc. **141**, 1233.

[6] *Keiser:* Amer. Chem. Journ. 1899, 261.

[7] Gazetta chimica ital. **20**, 677.

[8] *Berend:* Liebigs Annalen **131**, 122; Bulletin de la Soc. chim. (2) **3**, 2871.

[9] *Berend:* Liebigs Annalen **135**, 257; *v. Baeyer:* Berichte d. Deutsch. chem. Ges. **18**, 2275.

[10] *Maquenne:* Bulletin de la Soc. chim. (3) **7**, 777.

[11] *Homolka* u. *Stolz:* Berichte d. Deutsch. chem. Ges. **18**, 2283.

[12] *Maquenne* u. *Taine:* Apoth.-Ztg. **8**, 613; *Schenk* u. *Sitzendorff:* Berichte d. Deutsch. chem. Ges. **37**, 3453; *V. Meyer* u. *Pemsel:* daselbst **29**, 1411.

[13] *Maquenne:* Bulletin de la Soc. chim. (3) **7**, 777; **9**, 643.

Besser gestaltet sich die Ausbeute, wenn auf eine gekühlte Lösung von Jod in Jodkalium Calciumcarbid in kleinen Portionen einwirkt[1]. Es sollen hierbei Ausbeuten bis 90% erhalten werden. Die Reaktion verläuft nach folgenden Gleichungen:

$$CaC_2 + 2\ H_2O = C_2H_2 + Ca(OH)_2,$$
$$C_2H_2 + 2\ J_2 = C_2J_2 + 2\ HJ,$$
$$C_2H_2 + 3\ J_2 = C_2J_4 + 2\ HJ,$$
$$Ca(OH)_2 + 2\ HJ = CaJ_2 + 2\ H_2O.$$

Das an Kalk gebundene Jod kann in die Reaktion mit eingezogen und dabei vollständig mit verbraucht werden, wenn es nach und nach durch Salzsäure freigemacht wird und jedesmal eine Portion Calciumcarbid eingetragen wird. Das erhaltene Reaktionsprodukt besteht aus Dijodacetylen (Schmelzp. 78°) und Tetrajodäthylen (Schmelzp. 187°). Durch Umkrystallisieren aus Eisessig lassen sich beide trennen. Direkt aus Acetylen kann das Dijodacetylen erhalten werden, wenn eine Lösung von Jod in Natriumhypojodid auf Acetylen einwirkt[2].

Das Monojodacetylen $CH = CJ$ (Siedep. 29 bis 32°) soll sich bilden, wenn durch ein Gemisch von Jod und Jodsäure (1 : 2) und etwas Alkohol Acetylen geleitet wird[3]. *v. Baeyer*[4] hat ein stereoisomeres Produkt in Form leicht löslicher, unangenehm riechender Krystalle erhalten.

Wird Acetylen mit auf 180° erhitztes Jod zusammengebracht, so bildet sich neben den beiden stereoisomeren Dijodäthylenen in großen Mengen Vinyljodid C_2H_3J [5].

Die gemischten Halogenderivate des Acetylens erhält man durch weitere Einwirkung von Halogen auf die Dihalogenderivate.

So erhält man beim Versetzen einer kalt gehaltenen Acetylendibromidlösung, $CHBr = CHBr$, mit Antimonpentachlorid 1,1-Dichlor-2,2-Dibromäthan. Bei direkter Einwirkung von Chlorbrom auf Acetylen entsteht ebenfalls diese Verbindung[6]. Gemischte Chlorjod- und Bromjodderivate[7] können ebenso durch Einwirkung von Jod auf Chlor- und Bromderivate erhalten werden. Direkt aus Acetylen kann man folgende Produkte gewinnen: 1,2 Chlorjodäthylen (Flüssigkeit vom Siedep. 119°) durch Einleiten von Acetylen in eine Lösung von Chlorjod in 4 bis 5 Vol. Salzsäure. 1,2 Bromjodäthylen (Flüssigkeit vom Siedep. 150°) durch Schütteln von Acetylen mit einer wässerigen Lösung von Bromjod[8].

---

[1] *Werner:* Über die Einwirkung von Jod auf Calciumcarbid (Greifswald 1897); *Biltz:* Berichte d. Deutsch. chem. Ges. **30**, 1200.
[2] *Biltz* u. *Küppers:* Berichte d. Deutsch. chem. Ges. **37**, 4412.
[3] *Paterno* u. *Peratoner:* Gazzetta chimica ital. **19**, 587.
[4] Berichte d. Deutsch. chem. Ges. **18**, 2274.
[5] *Latiers:* Bull. de la Soc. chim. de Belg. **31** (1922), 73; Chem. Zentralbl. 1922, III, 1329.
[6] *Sabanejeff:* Liebigs Annalen **216**, 257.
[7] *Klary:* Bulletin de la Soc. chim. **42**, 260; *Simpson:* daselbst **31**, 411.
[8] *Plimpton:* Journ. Chem. Soc. **41**, 392, 394.

Zur Darstellung gemischter Acetylenhalogenabkömmlinge eignet sich das Mercurichloracetylid $Hg(C \equiv CCl)_2$, das bei Einwirkung von Jod in ätherischer Lösung in Chlortrijodäthylen $CClJ = CJ_2$ (lichtgrüne Blättchen vom Schmelzp. 78 bis 80°) übergeht[1].

Nieuwland[2] erhielt durch Einwirkung von trockenem Jodtrichlorid auf Acetylen hauptsächlich Acetylentetrachlorid neben wenig Jodchloracetylen. Die Reaktion ist demnach hauptsächlich folgendermaßen verlaufen:

$$C_2H_2 + 2 JCl_3 = C_2H_2Cl_4 + 2 JCl.$$

Ist ein Überschuß von Acetylen vorhanden, so reagiert das Chlorjod weiter mit Acetylen unter Bildung von Monochlorjodacetylen.

$$C_2H_2 + JCl = C_2H_2JCl.$$

Die Halogenwasserstoffsäuren wirken auf Acetylen meist addierend, indem sich das entsprechende Halogenäthylen und weiter das Halogenäthan bildet. Chlorwasserstoffsäure wirkt auf freies Acetylen nicht ein, wohl aber auf solches im Status nascendi. So entsteht in geringen Mengen Dichloräthan CH_3CHCl_2 (Flüssigkeit vom Siedep. 59,9°), wenn man auf Acetylenkupfer konzentrierte Salzsäure einwirken läßt[3]. Bromwasserstoffsäure wirkt auf Acetylen direkt ein, wobei sich bei 100° Bromäthylen $CH_2 = CHBr$ (Flüssigkeit vom Siedep. 16°) bildet[4]. Bei der Einwirkung von konzentrierter Jodwasserstoffsäure bildet sich Jodäthylen $CH_2 = CHJ$ (Siedep. 56°). Bei langem Stehen des Reaktionsproduktes oder bei Einwirkung von jodfreier, stark konzentrierter Jodwasserstoffsäure bildet sich Äthylenjodid CH_3CHJ_2 (Flüssigkeit vom Siedep. 177 bis 179°)[5].

Bei der Einwirkung wässeriger Lösungen von unterchloriger Säure auf Acetylen bei 75 bis 80° in besonders konstruierten Apparaten, durch welche Explosionen verhindert werden sollen, bildet sich in der Hauptsache Dichloracetaldehyd $CHCl_2CHO$ (Siedep. 85 bis 97°). Die Reaktion verläuft nach der Gleichung:

$$CH \equiv CH + 2 HOCl = CHCl_2CHO + H_2O.$$

Nebenbei wird ein Teil des Aldehyds zu Dichloressigsäure $CHCl_2COOH$ oxydiert[6].

Unterbromige Säure wirkt in einer Konzentration von 3 bis 4% bei Kühlung auf Acetylen im gleichen Sinne ein unter Bildung des Monohydrats des Dibromacetaldehyds $CHBr_2CHO + H_2O$ (Siedep. 58 bis 60°). Bei der Destillation zur Trennung der Reaktionsprodukte entsteht noch das krystallinische Dihydrat $CHBr_2CHO + 2 H_2O$ (Siedep. 97 bis 98,5°) und der wasser-

---

[1] *Hofmann* u. *Kirmreuther:* Berichte d. Deutsch. chem. Ges. **42**, 4232.
[2] Dissert.; *Howell* u. *Noyes:* Chem. Zentralbl. 1920, III, 306.
[3] *Sabanejeff:* Liebigs Annalen **178**, 111.
[4] *Reboul:* Jahresber. üb. d. Fortschr. d. Chemie 1872, 304; *Maass* u. *Russell:* Chem. Zentralbl. 1919, I, 820.
[5] *Berthelot:* Liebigs Annalen **132**, 122; *Semanow:* Zeitschr. f. Chemie 1865, 725; *Krüger* u. *Pückert:* Zeitschr. f. d. chem. Ind. 1895, 454.
[6] *Wittorf:* Journ. d. russ. phys.-chem. Ges. **32**, 88.

freie Aldehyd $CHBr_2CHO$ (Siedep. 139°). Nebenbei bildet sich auch Dibromessigsäure (Siedep. 44 bis 48°) und in geringer Menge andere bromhaltige Produkte[1].

Natriumhypochlorit wirkt auf Acetylen schon bei gewöhnlicher Temperatur, manchmal mit Explosionserscheinungen ein, wobei sich neben flüssigen auch flüchtige chlorhaltige Produkte bilden, die aber noch nicht untersucht sind[2]. Lösungen von Calciumhypochlorit wirken auf Acetylen in konzentriertem Zustande unter Umständen mit Feuererscheinungen ein. Verdünnte Calciumhypochloritlösungen wirken nach *Bladgen*[2] nur sehr wenig ein, Chlorkalk nur, wenn er sehr hochprozentig ist oder das Acetylen erwärmt wird. Im kalten Zustande soll eine Einwirkung von Chlorkalk auf Acetylen nicht stattfinden[3].

Maquenne[4] führt die Explosionen von Acetylen, das durch Chlorkalk gereinigt wird, auf die Bildung von Chlorstickstoff zurück.

Die Einwirkung von Wasser auf Acetylen erfolgt in der gleichen Weise wie bei den Halogenen. Als Additionsprodukt ergibt sich hierbei Acetaldehyd, indem sich zuerst Vinylalkohol bildet, der durch weitere Anlagerung von Wasser in Glykol übergeht. Dieses endlich gibt unter Wasserabspaltung Acetaldehyd[5].

$$CH \equiv CH + HOH = CH_2CHOH$$
$$CH_2CH \cdot OH + HOH = CH_3CH{<}^{OH}_{OH}$$
$$CH_3CH{<}^{OH}_{OH} = CH_3CHO + H_2O.$$

Diese Bildung des Acetaldehyds beruht darauf, daß die Atomgruppierung $C = CHOH$ meist unbeständig ist und in die beständige $CH - CHO$ übergeht, was durch Annahme einer Anlagerung und Wiederabspaltung von $H \cdot OH$ zu erklären ist. Die direkte Vereinigung von Acetylen mit Wasser erfolgt, wenn man Acetylen in frisch geglühter Holzkohle sich verdichten läßt und dann diese mit Wasser im Bombenrohr bei einer 300° übersteigenden Temperatur erhitzt. Im Reaktionswasser ist dann Aldehyd nachweisbar[6]. Acetaldehyd entsteht ferner direkt aus Acetylen und Wasserdampf bei Gegenwart einer heißen katalysierenden Oberfläche[7].

Kutscherow[8] hat gefunden, daß sich beim Einleiten von Acetylen in eine Quecksilberbromidlösung die Verbindung $3 HgBr_2 \cdot 3 HgO \cdot 2 C_2H_2$ bildet. Wird diese Verbindung mit Säuren zersetzt, so bildet sich nicht, wie erwartet werden sollte, Acetylen, sondern Acetaldehyd. Nach neueren Untersuchungen

---

[1] *Wittorf:* Journ. d. russ. phys.-chem. Ges. **32**, 88.
[2] *Bladgen:* Acetylen in Wissenschaft und Industrie 1900, 132.
[3] *Wolff:* Journ. f. Gasbel. **42** (1899), 744.
[4] Rev. génér. d. Chim. pure appl. **7**, 345; vgl. auch J. H. *Vogel:* Das Acetylen, II. Aufl. (1923), S. 78.
[5] *Eltekow:* Journ. d. russ. phys.-chem. Ges. **9**, 235.
[6] *Deprez:* Bulletin de la Soc. chim. **11**, 362.
[7] *Bone* u. *Andrew:* Journ. Chem. Soc. **87**, 1232.
[8] Berichte d. Deutsch. chem. Ges. **14**, 1532; 1540; **42**, 2759 bis 2762.

verwendet er hierzu auch die Acetate, Chloride, Bromide des Cadmiums, Zinks und Magnesiums. In dem Reaktionsprodukt, das aus Acetylen und dem betreffenden Salz unter Druck bei 100° erhalten wurde, war Acetaldehyd nachzuweisen.

Acetaldehyd entsteht auch, wenn man Acetylen in eine Sublimatlösung leitet und den entstandenen Niederschlag mit Salzsäure auf dem Wasserbad erwärmt[1]. Auch wenn man die aus Acetylen und Quecksilbernitrat erhaltene Verbindung mit Säure zersetzt, erhält man Acetaldehyd[2].

Durch Einwirkung von Schwefelsäure läßt sich ebenfalls eine Addition von Wasser an Acetylen unter Bildung von Acetaldehyd bewirken[3]. Die Ausbeute an Acetaldehyd wird nach *Erdmann* vermehrt, wenn man Acetylen in kochende verdünnte Schwefelsäure (3 T. konzentrierte Säure, 7 T. Wasser) einleitet und Quecksilberoxyd oder Phosphorsäure zufügt[4].

Die Fähigkeit der Acetylen-Quecksilberverbindungen, unter gewissen Bedingungen Acetaldehyd zu geben, wird neuerdings technisch in großem Maßstab zur Herstellung von Acetaldehyd, aus dem man dann weiterhin Alkohol und Essigsäure gewinnen kann, benutzt. Es sei daher hier auf den Abschnitt: Verwendung des Acetylens als Ausgangsmaterial für Produkte der chemischen Industrie verwiesen. Für Laboratoriumsversuche zur Überführung des Acetylens in Acetaldehyd und Essigsäure empfehlen sich nach *Neumann* und *Schneider*[5] am besten folgende Bedingungen:

a) Zur Überführung des Acetylens in Acetaldehyd arbeitet man bei 30° in einer 96 proz. Essigsäure, welche 3 g Mercurisulfat in 100 ccm gelöst enthält; es lassen sich fast 90% Acetylen umwandeln.

b) Zur unmittelbaren Überführung von Acetylen in Essigsäure benutzt man dieselbe, mit Quecksilbersulfat versetzte Essigsäure wie bei a) und leitet, nachdem man Sauerstoffüberträger (Vanadiumpentoxyd) zugesetzt hat, abwechselnd Acetylen und Sauerstoff ein. Es werden bis zu 83% Essigsäure erhalten.

Bei Gegenwart von Quecksilbersalzen und anderen die Reaktion befördernden Stoffen wie Schwefelsäureestern (Dimethylsulfat, Methylensulfat) wirkt Acetylen auf Essigsäure unter Bildung von Äthylidendiacetat ein[6], aus dem durch Erwärmen bei Gegenwart von Kontaktsubstanzen unter vermindertem Druck Essigsäureanhydrid und Paraldehyd gewonnen werden kann[7].

---

[1] *Krüger* u. *Pückert:* Zeitschr. f. d. chem. Ind. 1895, 454.

[2] *Erdmann* u. *Köthner:* Zeitschr. f. anorgan. Chemie 18, 48.

[3] *Béhal:* Annales de Chim. et de Phys. (6) 15, 268; 16, 376; *Berthelot:* daselbst 67, 560 (1863); *Lagermark* u. *Eltekow:* Berichte d. Deutsch. chem. Ges. 10, 637; 13, 693; *Zeisel:* Liebigs Annalen 191, 366.

[4] Zeitschr. f. anorgan. Chemie 18, 55; Acetylen in Wissenschaft und Industrie 1898, 188.

[5] Zeitschr. f. angew. Chem. 33 (1920) I, S. 189—192.

[6] Société Chimique des Usines du Rhone. D. R. P. Nr. 322 746, Kl. 12o vom 25. April 1917; Chem. Zentralbl. 1920, IV, 437; D. R. P. Nr. 334 554, Kl. 12o vom 24. April 1917; 350 364 vom 18. Oktober 1917.

[7] D. R. P. Nr. 346 236, Kl. 12o vom 16. Februar 1917 derselben Firma; Chem. Ztg. 46 (1922); Chem.-techn. Übersicht S. 82; D. R. P. Nr. 360 325, Kl. 12o vom 23. November 1919 der Farbenfabriken *vorm. Friedr. Bayer & Co.*; Chem. Ztg. 46 (1922); Chem.-techn. Übersicht S. 366.

Leitet man Acetylen in eine heiße Mischung von 2 T. Schwefelsäure und 1 T. Wasser, so bildet sich Crotonaldehyd[1], wobei die Bildung nach folgender Gleichung vor sich geht:

$$C_2H_2 + HOH = CH_3CHO \quad \text{und} \quad 2\,CH_3CHO = CH_3CH : CHCHO + H_2O.$$

Berthelot[2] erhielt durch Einwirkung von rauchender Schwefelsäure auf Acetylen eine Acetylensulfosäure, deren Kaliumsalz beim Schmelzen mit Kali Phenol ergeben soll. *Muthmann*[3] erhielt durch dieselbe Einwirkung nur Methionsäure $CH_2(HSO_3)_2$. *Schröter*[4] glaubt, daß die Methionsäure (Methandisulfosäure) ein Zersetzungsprodukt der Acetaldehyddisulfosäure ist.

$$\underset{\overset{|}{CHO}}{CH(SO_3H)_2} + NaOH = CH_2(SO_3H)_2 + HCOONa.$$

Es gelang ihm nicht wie *Berthelot*, Phenol zu erhalten.

Nieuwland[5] erhielt, wenn er Acetylen und Wasserstoff in verdünnte kochende Schwefelsäure (3 : 4 Wasser) einleitete, in der Quecksilberoxyd suspendiert war, Thioaldehyd, der sich meist zu Trithioaldehyd polymerisiert hatte. Diese Reaktion war dadurch zustande gekommen, daß das Quecksilberoxyd in Quecksilbersulfat übergegangen und durch Wasserstoff zu Sulfid reduziert worden war, so daß auf den gebildeten Acetaldehyd Schwefelwasserstoff einwirkte:

$$CH_3CHO + H_2S = CH_3CHS + H_2O.$$

Acetaldehyd erhält man nach *Nieuwland* ferner, wenn man Acetylen in mit Salpetersäure angesäuertes Wasser leitet, in dem fein verteiltes Platin suspendiert ist. Bei der Einwirkung von starker Schwefelsäure (Monohydrat) erhielt er Crotonaldehyd, während mit rauchender Schwefelsäure Acetaldehyddisulfosäure erhalten wurde. Beim Einleiten von Acetylen in kochende verdünnte Schwefelsäure (1 : $1/2$ Wasser) wurde Acetaldehyd erhalten.

Wurde Calciumcarbid mit Schwefelsäure vom spez. Gew. 1,75 behandelt, so konnte nach einigen Tagen Thioaldehyd nachgewiesen werden; wirkt dagegen konzentrierte Schwefelsäure (spez. Gew. 1,84) auf Calciumcarbid ein, so wurde Bildung von Crotonaldehyd beobachtet.

Nach *Mc. Intosh*[6] bildet flüssiges Acetylen mit Alkohol, Äther, Aceton krystallisierte Additionsprodukte.

Wird bei der Bildung des Acetylens aus den Elementen unreiner stickstoffhaltiger Wasserstoff verwendet, so entsteht außer Acetylen noch Cyanwasserstoff[7].

---

[1] *Béhal:* Annales de Chim. et de Phys. (6) **15**, 268; **16**, 376; *Lagermark* u. *Eltekow:* Berichte d. Deutsch. chem. Ges. **10**, 637; **13**, 693; *Zeisel:* Liebigs Annalen **191**, 366.
[2] Annales de Chim. et de Phys. (4) **19**, 429 (1870); Liebigs Annalen **154**, 132.
[3] Berichte d. Deutsch. chem. Ges. **31**, 1880; *Schroeter:* Chem. Zentralbl. 1919, III, 216.
[4] Berichte d. Deutsch. chem. Ges. **31**, 2189; Liebigs Annalen **303**, 114.
[5] Dissert.
[6] Journ. of phys. Chem. **11**, 306.
[7] *Bone* u. *Jerdan:* Journ. Chem. Soc. **71**, 41; **79**, 1042.

Ein Gemisch von Acetylen und Stickstoff gibt unter dem Einfluß des elektrischen Funkens Blausäure[1]:

$$C_2H_2 + 2N = 2HCN.$$

Dieselbe Bildung tritt ein, wenn Acetylen und Stickoxyd bei 800° über Platinschwamm geleitet werden[2].

In einem auf —78 bis —192° abgekühlten Gemisch von Kohlenwasserstoffen und Stickstoff ruft der elektrische Funke die Bildung von Kohle, Wasserstoff, Cyanwasserstoff, Ammoniak und höheren Kohlenwasserstoffen hervor. Bei ungesättigten Kohlenwasserstoffen wie Acetylen herrscht die Bildung von Cyanwasserstoff vor[3].

Leitet man ein Gemisch von Acetylen und Ammoniak durch glühende Röhren, so bildet sich Pyrrol $C_4H_4 \cdot NH$ und Ammoniumcyanid[4]. Dagegen erhält man nur Cyanammonium, wenn ein Gemisch von Acetylen und Ammoniak der Einwirkung des elektrischen Funkens ausgesetzt wird[5]. Kondensationsprodukte sollen erhalten werden, wenn Acetylen mit Ammoniak oder Schwefelwasserstoff oder mit Dämpfen und Gasen bei erhöhter Temperatur mit festen Kontaktstoffen behandelt wird[6], die mit Acetylen reduzierbare Metallverbindungen, wie Eisenverbindungen, enthalten.

Mit Blausäure bildet Acetylen beim Durchleiten durch glühende Röhren Picolin[7] ($C_5H_4N \cdot CH_3$).

Zemor hat beim Einleiten von Acetylen und Stickoxyd in Wasser Cyansäure nachweisen können[8].

Leitet man Acetylen in siedenden Schwefel, so erhält man Tiophen C_4H_4S [9]. *Capelle* dagegen hat beim Einleiten von gut gereinigtem Acetylen in Schwefel

Tiophthen $\begin{matrix} HC\!=\!=\!C\!=\!=\!CH \\ \| \quad\quad \| \quad\quad \| \\ HC \cdot S \cdot C \cdot S \cdot CH \end{matrix}$ erhalten, während Tiophen nicht nachgewiesen werden konnte[10].

---

[1] *Berthelot:* Liebigs Annalen **150**, 60; Compt. rend. de l'Acad. des Sc. **64**, 35; *Koenig* u. *Hubbuch:* Chem. Zentralbl. 1922, III, 429.

[2] *Angelucci:* Gazetta chimica ital. **36**, 517.

[3] *Briner* u. *Durand:* Journ. de Chim. et de Phys. **7**, 1.

[4] *Dewar:* Jahresber. üb. d. Fortschr. d. Chemie 1877, 445.

[5] *Mixter:* Amer. Chem. Journ. (4) **10**, 299.

[6] *Chem. Fabr. Rhenania, Stuer* u. *Grob:* Am. P. 1 421 743 vom 11. November 1916; Schw. P. 92 686 vom 27. Juli 1916; Norw. P. 32 152 vom 12. August 1916. D. R. P. Nr. 365 432. Kl. 12 o vom 21. Nov. 1913; Chem. Zentralbl. 1922, IV, 712; 1923, II, 191, 408; Chem. Ztg. **46** (1922); Chem.-tech. Übersicht S. 218.

[7] *Ramsay:* Jahresber. üb. d. Fortschr. d. Chemie 1877, 481; *Liubawin:* Berichte d. Deutsch. chem. Ges. **18**, 481.

[8] Luce e Calore 1897, 118.

[9] *V. Meyer:* Berichte d. Deutsch. chem. Ges. **16**, 2176.

[10] Bulletin de la Soc. chim. (4) **3**, 150; *Oechsner de Coninck:* Bull. Acad. Roy. Belg. 1908, 305.

Acetylen vereinigt sich beim Einleiten in Diazomethan mit diesem direkt zu Pyrazol[1].

$$C_2H_2 + CH_2N_2 = \begin{matrix} H-C=N \\ | \\ H-C=CH \end{matrix} \Big\rangle NH.$$

Bei der Einwirkung von Acetylen auf Äthylmagnesiumbromid entsteht unter Entwicklung von Acetylen die Verbindung $BrMgC \equiv CMgBr$. Dieses Brommagnesiumacetylen bildet unter Einwirkung von Wasser Acetylen zurück, während es mit Ketonen tertiäre Acetylenalkohole, z. B. $R'R''C(OH)C \equiv CR$, mit Aldehyden sekundäre Alkohole bildet.

Mit Phenylmagnesiumbromid bildet Acetylen eine Verbindung, in der nur 1 Wasserstoff durch MgBr ersetzt ist; man erhält daraus durch Kondensation Verbindungen, die die Gruppe $-C \equiv C$ am Ende des Moleküls enthalten[2]. Läßt man auf Calciumcarbid Methylalkohol bei Temperaturen über 100° einwirken, so erhält man gemäß nachstehender Gleichung homologe Acetylenkohlenwasserstoffe

$$CaC_2 + 2\,CH_3OH = Ca(OH)_2 + C_4H_6.$$

Sie stellen ein Gemisch dar von Äthylacetylen $CH_3 \cdot CH_2 - C \equiv CH$ und dem isomeren Dimethylacetylen $H_3C - C \equiv C - CH_3$, wobei das Mengenverhältnis wesentlich von der Erhitzungstemperatur abhängt[3].

Durch Einwirkung von Carbid auf Aceton soll Pseudocumol und Benzol erhalten werden[4].

Äthylalkohol soll erhalten werden, wenn man Acetylen im Gemisch mit Knallgas und einem inerten Gas in solcher Menge, daß ein nicht explosives Gasgemenge ensteht, über einen metallischen Katalysator, der aus einer Mischung von Metallen der Platingruppe und weniger edlen Metallen, wie Nickel, Kupfer, Magnesium oder Eisen bestehen kann, leitet. So sollen aus einem Gasgemisch von 2 Volumenteilen Acetylen, 4 Volumenteilen Wasserstoff, 1 Volumenteil Sauerstoff und 1 Volumenteil Stickstoff bei 100° und Nickel-Platin-Katalysator 8—10% Alkohol, bezogen auf das angewandte Acetylen, erhalten werden[5].

Die Fähigkeit des Acetylens sich unter gewissen Bedingungen mit aromatischen Basen zu kondensieren, wurde zur Synthese einiger basischer Farbstoffe benutzt[6].

---

[1] *v. Pechmann:* Berichte d. Deutsch. chem. Ges. **31**, 2950.

[2] *Jotsitch:* Bulletin de la Soc. chim. (3) **28**, 922; **30**, 208; *Oddo:* R. Accad. dei Lincei Roma (5) **13**, 187 bis 193; Gazetta chimica ital. **34**, 429 bis 436; **38**, 625 bis 635.

[3] *Koetschau.* Zeitschr. f. angew. Chem. **34** (1921) Nr. 61, S. 403; vergl. auch *Taworsky,* J. f. prakt. Chem. N. F. **37**, 382; D. R. P. Nr. 253 802 Kl. 12o Gr. 19.

[4] *Sinding-Larsen:* Norw. P. Nr. 29 319 vom 21. März 1917; Chem. Ztg. **45** (1921) Chem.-techn. Übersicht S. 47.

[5] *W. Karo:* D. R. P. Nr. 356 175 und 356 176, Kl. 12o vom 16. März 1919 und 19. September 1920; Chem. Zentralbl. 1922, IV, 549.

[6] *Consonno* u. *Cruto:* Gazetta Chim. Ital. **51** (1921) 177; Chem. Ztg. **46** (1922); Chem techn. Übersicht S. 156.

Oxydation, Kondensation und Zerfall von Acetylen.

Oxydierend wirkende Substanzen können in dreierlei Weise auf Acetylen einwirken: 1. Es bilden sich Oxydationsprodukte, 2. es tritt nebenbei Wasseranlagerung ein, 3. es erfolgt vollständiger Zerfall. So erhält man durch Schütteln einer stark alkalischen wässerigen Lösung von Kaliumpermanganat mit Acetylen die Kaliumsalze der Kohlensäure, Ameisensäure und Oxalsäure[1], wobei letztere als direktes Oxydationsprodukt angesehen werden kann[2].

Mit Chromsäurelösung gibt Acetylen je nach der Konzentration Ameisensäure und Kohlensäure oder Essigsäure[3]. Bei dieser Einwirkung der Chromsäure findet gleichzeitig Wasseranlagerung und Oxydation statt, indem sich erst Acetaldehyd und daraus Essigsäure bildet. Verdünnte Chromsäure in Kieselgur aufgesaugt, wirkt auf Acetylen bei gewöhnlicher Temperatur nicht ein[4].

Die gleiche Wirkung wie Chromsäure übt Wasserstoffsuperoxyd bei 50 bis 70° unter Zusatz einer geringen Menge Eisensulfat aus, man erhält als Reaktionsprodukt ein Gemisch von Essigsäure, Acetaldehyd und Alkohol. Die Anwesenheit von Acetaldehyd beweist, daß gleichzeitig Wasseranlagerung neben der Oxydation erfolgt. Die gleichzeitige Anwesenheit von Alkohol scheint darauf hinzudeuten, daß Wasserstoffsuperoxyd auch in der Form $H_2 + O_2$ reagieren kann[5]. Leitet man Acetylen in schmelzendes Ätzalkali ein, so erhält man bei etwa 220° essigsaures Alkali, aus dem man durch Ansäuern mit Mineralsäure Essigsäure in einer Ausbeute bis zu 60% erhält. Bei der Einwirkung von Acetylen auf metallisches Natrium im Ätzalkalischmelzfluß wird Acetylen zu Äthan reduziert[6].

Nach *Bergmann*[7] (D. R. P. Nr. 96 427) soll Acetylen beim Erhitzen mit Wasserstoffsuperoxyd unter Druck von 5 Atm eine vollkommene Zersetzung erleiden, wobei sich der Kohlenstoff als Graphit abscheidet:

$$C_2H_2 + H_2O_2 = C_2 + 2\,H_2O.$$

Nach *Caro*[7] soll jedoch diese Reaktion nicht vor sich gehen.

Bei Einwirkung von Salpetersäure auf Acetylen entstehen saure Produkte, darunter neben Kohlensäure und Oxalsäure Nitroform $CH(NO_2)_3$ und eine einbasische Säure $C_4H_3O_3N$, die zum Teil aus Benzol in hellgelben Krystallen vom Schmelzp. 145 bis 150° gewonnen werden kann, zum Teil sich aber dabei unter Blausäureentwicklung zersetzt. Gleichzeitig entstehen neutrale Oxydationsprodukte, ein gelbes bei 92° siedendes, wasserunlösliches Öl der Zusammensetzung $C_6H_4O_6N_4$ und eine weiße, in Nadeln krystallisierende Verbindung vom Schmelp. 116 bis 120°, von der Zusammensetzung $C_6H_4N_4O_3$ unbekannter

---

[1] *Berthelot*: Compt. rend. de l'Acad. des Sc. **64**, 34.
[2] *V. Meyer*: Berichte d. Deutsch. chem. Ges. **30**, 1939.
[3] *Baschieri*: Atti della R. Accad. dei Lincei Roma (5) **9**, 391; *Berthelot*: Bulletin de la Soc. chim. (2) **13**, 193; Compt. rend. de l'Acad. des Sc. **67**, 417.
[4] *Ullmann* u. *Goldberg*: Journ. f. Gasbel. **42** (1899), 164.
[5] *Croß, Bevan* u. *Heiberg*: Berichte d. Deutsch. chem. Ges. **33**, 2015.
[6] *H. Feuchter*: Chem.-Ztg. **38** (1914) Nr. 25, S. 273.
[7] Journ. f. Gasbel. **41** (1898), 689. Handb. f. Acetylen 1904, 180.

Konstitution[1]. Diese Verbindungen sind zum Teil explosiv; sie sind beständig gegen Mineralsäuren und spalten beim Erhitzen mit Alkali Ammoniak ab.

Nach *Coehn*[2] erhält man bei der elektrolytischen Oxydation von Acetylen Ameisensäure oder Essigsäure in quantitativer Ausbeute, je nachdem man Kalilauge oder Schwefelsäure bei bestimmten Spannungen elektrolysiert und dabei an der Anode Acetylen einleitet.

Sauerstoff für sich allein oder in Gemengen mit anderen Gasen, z. B. Luft, wirkt bei gewöhnlicher Temperatur auf Acetylen nicht ein. Leitet man aber in eine alkalische wässerige Lösung von Acetylen Luft ein, so erhält man geringe Mengen Essigsäure[3]. Beim Einleiten von Ozon in eine wässerige Acetylenlösung bildet sich Ameisensäure[4]. Wird unter gewissen Bedingungen Ozon mit Acetylen gemischt, so bildet sich neben Ameisensäure Glyoxal (CHO—CHO), das in Verbindung mit Anilin in das Anilid der Essigsäure übergeführt werden kann und so das Ausgangsprodukt für die Indigoschmelze darstellt. Aus ihm kann ferner Glycolsäure, mit Blausäure Traubensäure und durch Reduktion Glycol ($C_2H_4[OH]_2$) erhalten werden[5].

Erwärmt man dagegen ein Acetylen-Sauerstoff- oder -Luftgemisch, so findet je nach den Mischungsverhältnissen eine teilweise oder lokale Verbrennung statt, und zwar als eine stille Vereinigung oder auch als Explosion[6].

Läßt man ein Gemisch von Acetylen und Luft dadurch unvollständig verbrennen, daß man es vor der Zündung mit Wasserdampf mischt, so sollen neben organischen Säuren hauptsächlich verschiedene aliphatische Aldehyde erhalten werden[7].

Läßt man Acetylen-Luftgemische über erhitzte Metalle (Eisen, Platin usw.) streichen, so tritt Explosion ein, wobei die Metalle weißglühend werden[8]. Ähnliche Vorgänge finden statt, wenn man Acetylen-Luftgemische der Einwirkung des elektrischen Funkens oder von Initialzündstoffen unterwirft[9]. Die hierbei entstehenden Reaktionsprodukte sind je nach den Versuchsbedingungen: Kohlenstoff, Kohlenoxyd, Kohlensäure, Wasserstoff, Wasserdampf, höhere Kohlenwasserstoffe usw.

Luftgemische, welche weniger als 7,74% Acetylen enthalten, verbrennen zu Kohlensäure und Wasser. Steigt der Acetylengehalt auf 17,37%, so finden sich in den Verbrennungsprodukten Kohlensäure, Kohlenoxyd, Wasser und

---

[1] *Baschieri:* Atti della R. Accad. dei Lincei Roma (5) **9**, 393; *Mascarelli:* Gazetta chimica ital. **33**, 319; *Orton* u. *Mc. Kie:* Chem. Zentralbl. 1920, III, 126; *Kearns, Heiser* u. *Nieuwland:* Journ. Am. chem. Soc. **45** (1923), 795.

[2] Zeitschr. f. Elektrochemie **7** (1901), 681.

[3] *Berthelot:* Bulletin de la Soc. chim. **14**, 113.

[4] *Mailfert:* Compt. rend. de l'Acad. des Sc. **94**, 860.

[5] *Wohl* u. *Bräunig:* Chem.-Ztg. **44** (1920), 157, **46** (1922), 864; D. R. P. Nr. 324 202, Kl. 12o vom 20. Juni 1916, s. S. 31.

[6] *Meyer* u. *Münch:* Berichte d. Deutsch. chem. Ges. **26**, 2430.

[7] *Weinmann:* Schweiz. P. 91 558 vom 17. Januar 1919; Chem. Zentralbl. 1922, IV, 708.

[8] *Bellamy:* Compt. rend. de l'Acad. des Sc. **100**, 1460.

[9] Vgl. *Caro:* Über die Explosionsursachen von Acetylen. Verh. d. Ver. z. Förd. d. Gewerbefl.

Wasserstoff; bei höherem Acetylengehalt tritt freier Kohlenstoff auf und Acetylen bleibt übrig. Mit einem gleichen Volumen Sauerstoff gemischt gibt Acetylen beim Verbrennen nur Kohlenoxyd und Wasserstoff[1].

Beim Verbrennen von Acetylen in Brennern werden nicht die geringsten Spuren brennbarer kohlenstoffhaltiger Gase erhalten[2].

Bone und *Andrew*[3] nehmen an, daß bei der Verbrennung von Acetylen zuerst Sauerstoff aufgenommen wird unter Bildung des unbeständigen Hydroxyacetylens $COH \equiv COH$, so daß die Bildung von Kohlenoxyd und Wasserstoff sekundärer Natur ist. Abscheidung von Kohlenstoff tritt nur bei Sauerstoffmangel, wahrscheinlich durch Zerfall des Acetylens ein.

Die Acetylensauerstoffflamme liefert von allen Knallgasflammen (CO- und H-Knallgasflamme) die meisten nitrosen Produkte. Auf 100 T. in den Verbrennungsgasen enthaltener Kohlensäure kommen über 4 T. Stickoxyd[4]. Auch das Auftreten von Ozon in beträchtlichen Mengen in den Verbrennungsgasen ist beobachtet worden[5].

Bei der Kohlenstoffgewinnung aus Acetylen finden teilweise auch Oxydationsprozesse statt.

Die Gewinnung des Acetylenrußes nach D. R. P. Nr. 92 801[6] beruht auf der Oxydation des Acetylenwasserstoffs durch Verbrennung. Nach *Frank* (D. R. P. Nr. 112 416)[6] werden als Oxydationsmittel Kohlensäure oder Kohlenoxyd verwendet. Diese Gase werden in Gemisch mit Acetylen durch glühende Röhren geleitet oder unter Druck durch einen elektrischen Funken entzündet. Unter diesen Umständen reagieren die Gase nach folgenden Gleichungen miteinander:

$$C_2H_2 + CO = H_2O + 3\,C,$$
$$2\,C_2H_2 + CO_2 = 2\,H_2O + 5\,C,$$
$$C_2H_2 + 3\,CO = H_2O + CO_2 + 4\,C,$$
$$C_2H_2 + CO_2 = H_2O + CO + 2\,C.$$

Ein dem *Frank*schen ähnliches Verfahren, bei dem die Oxydation des Acetylenwasserstoffes durch Halogenkohlenwasserstoffe hervorgerufen wird, ist unter D. R. P. Nr. 132 836[6] geschützt. Das Acetylen wird mit den Dämpfen durch ein glühendes Rohr geleitet, wodurch Zersetzung in Kohlenstoff und Halogenwasserstoffsäure eintritt. Der chemische Vorgang ist aus den folgenden Formeln ersichtlich:

$$2\,C_2H_2 + CCl_4 = 5\,C + 4\,HCl,$$
$$C_2H_2 + CHCl_3 = 3\,C + 3\,HCl.$$

Ein reiner Zerfall des Acetylens in seine Komponenten soll nach den Patenten Nr. 103 862 und 141 884[6] eintreten, nach denen Acetylen in

---

[1] *Le Chatelier:* Compt. rend. de l'Acad. des Sc. **121**, 1144 bis 1147.
[2] *Gréhant:* Compt. rend. de l'Acad. des Sc. **122**, 832.
[3] *Bone* u. *Andrew:* Journ. Chem. Soc. **87**, 1232 bis 1248. *Bone:* Journ. f. Gasbel. **54** (1911) 16.
[4] *Haber* u. *Hodsmann:* Zeitschr. f. physikal. Chemie **67**, 343.
[5] *Mauricheau-Beaupré:* Compt. rend. de l'Acad. des Sc. **142**, 165.
[6] Vgl. S. 64.

Mischung mit Wasserstoff oder unter gewissen Bedingungen mit Luft zur Explosion gebracht wird.

Unter dem Einfluß höherer Temperaturen erleidet das Acetylen für sich allein als auch in Gemischen mit anderen Gasen Veränderungen, indem einerseits Polymerisationen, andererseits Kondensationen eintreten. Bei sehr hohen Temperaturen oder auch großem Druck tritt meist Zerfall des Acetylens in seine Komponenten ein.

Erhitzt man Acetylen in Retorten bis zum Weichwerden des Glases, so bilden sich Benzol C_6H_6, Styrol C_8H_8, Naphthalin $C_{10}H_8$, Anthracen $C_{14}H_{10}$ und Reten $C_{18}H_{18}$ neben anderen Verbindungen und Kohle[1]. Diese Polymerisation ist deshalb bemerkenswert, weil hierbei Verbindungen der aromatischen Reihe entstehen. Beim Durchleiten von Acetylen durch ein Rohr bei 638 bis 645° bildet sich hauptsächlich Benzol neben etwas Kohle und anderen flüssigen Kondensationsprodukten, bei 790° dagegen bildet sich Naphthalin und viel Kohle[2].

Die Versuche *Berthelots* hat in neuerer Zeit R. *Meyer*[3] mit seinen Mitarbeitern in größerem Maßstabe und mit neuzeitlichen Hilfsmitteln wieder aufgenommen. Durch Durchleiten von Acetylen in Mischung mit Wasserstoff durch 2 senkrecht gestellte, hintereinander geschaltete, elektrisch heizbare Röhrenöfen, konnten etwa 60% des durchgeleiteten Acetylens als hellbrauner, aromatisch riechender Teer erhalten werden. Die Temperatur des ersten Ofens wurde bei 640 bis 650°, die des zweiten bei etwa 800° gehalten. Bei der Zerlegung des Teeres durch fraktionierte Destillation und Krystallisation konnten folgende aromatische Kohlenwasserstoffe abgeschieden und bestimmt werden: Benzol, Naphthalin, Anthracen, Inden, Toluol, Biphenyl, Fluoren, Pyren, Chrysen, Phenanthren, Acenaphthen, Styrol, Hexylen, m- und p-Xylol, α- und β-Methylnaphthalin, 1,4-Dimethylnaphthalin, Mesitylen, Pseudocumol und Fluoranthren. Die Versuche wurden weiter ausgedehnt auf die Synthese stickstoffhaltiger Verbindungen; es gelang ein Gemisch von Acetylen und Blausäuredampf zu Pyridin zu kondensieren, daneben trat die Bildung von Pyrrol, Chinolin, Anilin und Benzonitril auf. Aus einem Gemisch von Acetylen (verdünnt mit Wasserstoff) und Schwefelwasserstoff konnte Thiophen gewonnen werden; wurde an Stelle des Wasserstoffs zum Verdünnen das an Methan reichere Steinkohlengas verwendet, so konnte Thiotolen und Thioxen nachgewiesen werden. Schließlich wurde die Synthese von Phenol mit Wasserdampf und aus Acetylen nascierendem Benzol versucht gemäß der Gleichung

$$3\ C_2H_2 + H_2O = C_6H_5OH + H_2,$$

was auch mit geringer Ausbeute erreicht wurde.

Die Versuche sind nicht nur um ihrer selbst willen höchst wissenswert, sondern sie liefern auch einen lehrreichen Beitrag zur Theorie der Teerbildung.

---

[1] *Berthelot:* Compt. rend. de l'Acad. des Sc. **62**, 905; **63**, 479, 515; **140**, 905.
[2] *Haber:* Experimentaluntersuchungen über Zersetzung und Verbrennung von Kohlenwasserstoffen (München 1896).
[3] Ber. d. Deutsch. chem. Ges. **45**, 1609 bis 1633 (1912); **46**, 3183 (1913); **47**, 2765 bis 2774 (1914); **50**, 422 (1917); **53**, 1261 (1920).

Sollte es einmal gelingen, das Acetylen billig, z. B. aus seinen Elementen herzustellen, so wäre es wohl möglich, daß die Versuche auch praktisch verwertet werden könnten.

Wird Acetylen durch eine Platinröhre von 2 mm Durchmesser getrieben, die auf 25 mm Länge auf 1000° erhitzt ist, so erhält man ein Gas, welches 62% ungesättigte Kohlenwasserstoffe, 1,5% Wasserstoff und 3,2% Methan enthält[1]. Leitet man Acetylen für sich allein oder in Mischung mit Wasserstoff über Kupferoxyd bei 130 bis 300°, so tritt keine vollständige Verbrennung ein, sondern es findet Kohlenstoffabscheidung bei gleichzeitiger Bildung von Wasserstoff statt[2].

Die Tendenz des Acetylens, sich zu polymerisieren, erreicht vermutlich ihr Maximum bei 600 bis 700°[3]. Bei Versuchen, die *Bone* bei 650° anstellte, hatten sich ungefähr 60% des ursprünglichen Acetylens polymerisiert. Steigt die Temperatur über 700°, so nimmt die Fähigkeit, sich zu polymerisieren, stark ab und der Zerfall in die Elemente wächst, bis bei etwa 800° die Spaltung so beträchtlich wird, daß das Gas unter lebhaftem Erglühen zerfällt, wenn es plötzlich in heiße evakuierte Röhren eintritt. Nach einstündigem Erhitzen waren 57% Wasserstoff und 43% Methan vorhanden. *Bone* hält es nach angestellten Versuchen für wahrscheinlich, daß Methan durch Wasserstoffanlagerung an ungesättigte Reste gebildet wird:

a) $HC \equiv CH = 2 (\equiv CH) = 2\,C + H_2$,
b) $HC \equiv CH = 2 (\equiv CH) + 3\,H_2 = 2\,CH_4$.

Oberhalb 1500° zerfällt Acetylen schnell in Äthylen und Äthan[4].

Wird Acetylen in Mischung mit anderen ungesättigten Kohlenwasserstoffen erhitzt, so bilden sich höhere Olefine, z. B. aus Acetylen und Äthylen Crotonylen[5], ebenso mit Butylen, Amylen usw.[6]. Hierbei entsteht auch Isopren C_5H_8, welches sich durch Kondensation in Terpilen, ein Terpen, umwandeln läßt[7].

Zum Isopren gelangt man auch, wenn Acetylen in Gegenwart von Alkaliamid oder Alkalialkoholat an Aceton angelagert wird[8].

Mittels der stillen elektrischen Entladung[9] können aus Acetylen allein oder in Mischung mit anderen Gasen und Dämpfen die ver-

---

[1] *Lewes:* Handb. f. Acetylen 1900, 107.
[2] *Terres* u. *Mauguin:* Journ. f. Gasbel. **58** (1915,) Nr. 1.
[3] *Bone:* Journ. f. Gasbel. **51** (1908), 828; Chem. News **97**, 196, 212.
[4] *Pring:* Journ. Chem. Soc. **97**, 498.
[5] *Berthelot:* Jahresber. üb. d. Fortschr. d. Chemie 1866, 519.
[6] *Prunier:* Jahresber. üb. d. Fortschr. d. Chemie 1879, 318.
[7] *Berthelot:* Annales de Chim. et de Phys. (6) **5**, 136; *Bouchardt:* Jahresber. üb. d. Fortschr. d. Chemie 1875, 389; 1879, 577.
[8] s. S. 103; s. a. *Scheibler* u. *Fischer:* Berichte d. Deutsch. chem. Ges. **55**, 2903; Chem. Zentralbl. 1922, III, 1196; *Locquin* u. *Sung Wouseng:* Über die Einwirkung des Acetylens auf natriumhaltige Ketone und die Darstellung der Dialkyläthinylcarbinole. Acad. des Sciences Paris 29. Mai 1922; Chem. Ztg. **46** (1922) 1169.
[9] *Losanitsch:* Berichte d. Deutsch. chem. Ges. **40**, 4656 bis 4666; **41**, 87; Monatshefte f. Chemie **29**, 753 bis 762; *Jowitschitsch:* Berichte d. Deutsch. chem. Ges. **30**, 135; Monatshefte f. Chemie **29**, 1; *Löb:* Berichte d. Deutsch. chem. Ges. **41**, 87; H. P. Kaufmann: Liebigs Annalen 1918, **417**, 34—59; Chem.-Ztg. **43** (1919); Chem.-techn. Übersicht Nr. 34/36, S. 57; Chem. Zentralbl. 1919, I, 347.

schiedensten Polymerisations- und Kondensationsprodukte, teils in fester, teils in dickflüssiger Form gewonnen werden. Auf diese Weise wurden Verbindungen des Acetylens mit Wasserstoff, Methan, Äthylen, Benzol, Schwefelkohlenstoff, Schwefelwasserstoff, Kohlenoxyd, schwefliger Säure, Ammoniak erhalten, deren Konstitution aber noch nicht vollkommen aufgeklärt ist.

Die meisten dieser Produkte absorbieren stark Sauerstoff und wirken dann auf die photographische Platte stark ein, auch scheiden sie aus Jodkali Jod aus. Mit dem Erlöschen der Sauerstoffaufnahme erlischt auch die Wirkung auf die photographische Platte.

Wird Acetylen aus Calciumcarbid bei hohen Temperaturen entwickelt, so bilden sich unter dem Einfluß der Verunreinigungen schwefel-, phosphor- und stickstoffhaltige Kondensationsprodukte[1].

Bei gewöhnlichem Druck und unter konstantem Volumen bleibt die Zersetzung des Acetylens auf die Zone der direkten Einwirkung des Funkens beschränkt, während bei höherem Druck ein vollständiger Zerfall des Acetylens eintritt[2].

Durch die Anwesenheit von Metallen wird die Polymerisation und der Zerfall des Acetylens bei hohen Temperaturen begünstigt. Bei der Einwirkung von Acetylen auf Kupfer bei 500° tritt völliger Zerfall des Acetylens ein, wobei sich der Kohlenstoff als Graphit abscheidet[3]. Bei 200 bis 250° entsteht ein korkähnlicher Kohlenwasserstoff, welcher Kupfer[4] enthält. Derselbe Kohlenwasserstoff wird auch erhalten, wenn Acetylen auf frisch gefälltes Kupferoxydul bei 230° einwirkt[5]. Die Natur dieses Kohlenwasserstoffes, der Cupren oder auch Carben[6] genannt wird und die Formel $(C_7H_6)_r$ besitzen soll[7], ist noch nicht aufgeklärt[8]. Das entstandene braune Produkt enthält ebenfalls Kupfer, das sich jedoch mit Salzsäure auskochen läßt, so daß das Kupfer nur mechanisch beigemengt sein wird[9]. Das Cupren gibt bei der Destillation mit Zinkstaub je nach den angewandten Temperaturen Naphthene, Kresol, Naphthalin usw.[10].

H. P. Kaufmann und *M. Schneider*[11] untersuchten eingehend die zweckmäßigsten Bedingungen zur Entstehung des Cuprens. Die beste katalytische Wirkung erzielten sie mit einem Eisen-Kupfergemisch, das durch Erhitzen von Cupriferrocyanid erhalten wurde; als zweckmäßigste Versuchstemperatur

---

[1] *Caro:* Verhandl. d. Budapester Kongr. f. Acetylen 1899.
[2] Siehe Physik des Acetylens.
[3] *Erdmann:* Acetylen in Wissenschaft und Industrie 1898, 153.
[4] *Erdmann* u. *Köthner:* Zeitschr. f. anorgan. Chemie **18**, 48; *Alexander:* Berichte d Deutsch. chem. Ges. **32**, 2381; s. a. Chem. Ztg. **47** (1923) 874; **48** (1924) 138.
[5] *Erdmann* u. *Köthner:* Zeitschr. f. anorgan. Chemie **18**, 48.
[6] *Gandillon:* Vortrag, gehalten auf der Hauptversammlung des Deutschen Acetylen vereins am 14. September 1923; s. a. Autogene Metallbearbeitung 1923, Nr. 20.
[7] Ges. Abhandlungen zur Kenntnis der Kohle 1920, Bd. 4, S. 494.
[8] *Sabatier* u. *Senderens:* Compt. rend. de l'Acad. des Sc. **128**, 173; **130**, 250.
[9] *Gooch* u. *de Forest Baldwin:* Zeitschr. f. anorgan. Chemie **22**, 235.
[10] *Erdmann* u. *Köthner:* Zeitschr. f. anorgan. Chemie **18**, 48.
[11] Berichte d. Deutsch. chem. Ges. **55**, 267 (1922).

wurde 240—250° festgestellt. Die Zusammensetzung des erhaltenen Produktes war nicht einheitlich, sondern schwankte zwischen $(C_{11}H_{10})x$ und $(C_{15}H_{10})x$. Der Kupfergehalt ließ sich auch durch langes Kochen mit Salzsäure nicht restlos entfernen, nur durch Einwirkung von Königswasser konnte ein so gut wie kupferfreies Produkt erhalten werden. Wenn die Substanz mit 50 proz. Salpetersäure und dann mit Ammoniak behandelt wurde, so erhielt man mellithsaures Ammonium. Aus der salpetersauren Lösung ließen sich weiter Produkte isolieren, die bei der trockenen Destillation Benzoesäure und Naphthalin lieferten. Durch Einwirkung von Brom in Gegenwart von Eisenbromid wurden aus Cupren bromierte Produkte gewonnen, darunter eins von der Zusammensetzung $C_{18}H_{12}Br_6$, das bei der Oxydation mit Salpetersäure Mellithsäure ergab, so daß dieser Körper die Konstitution eines Hexabromhexahydrotriphenylens zu haben scheint. Aus der Ähnlichkeit der Eigenschaften des Cuprens mit denen der natürlichen Kohlen und aus den teilweise identischen Oxydationsprodukten glauben die Verfasser schließen zu dürfen, daß die natürlichen Kohlen analog gebaute Kohlenwasserstoffe enthalten.

Auf das Verhalten dieser Verbindung sind Patente zur Herstellung plastischer Massen aus Acetylen genommen (D. R. P. Nr. 205 705). Hiernach sollen sich dem Cupren ähnliche plastische Stoffe bilden, wenn statt Kupfer Nickel, schwammiges Chrom oder Platin in Verbindung mit Sauerstoff abgebenden Salzen verwendet werden[1]. Neuerdings ist es auch in die Sprengstofftechnik eingeführt worden[2].

Kommt Acetylen mit trockenem Palladiumschwarz, das noch Spuren Sauerstoff enthält, in Berührung, so tritt unter Feuererscheinung Polymerisation und Zerfall des Acetylens ein[3]. Palladiumhydrosol, Platinhydrosol und Platinschwarz vermögen große Mengen Acetylen aufzunehmen, wobei es langsam zum Teil in höher molekulare Produkte verwandelt wird, und u. a. auch Äthylen und Äthan gebildet werden. Von den Hydrosolen des Iridiums und Osmiums wird Acetylen nicht absorbiert[4].

Leitet man reines trockenes Acetylen bei gewöhnlicher Temperatur über pyrophorisches Eisen, so tritt lebhaftes Erglühen desselben ein. Ein Teil des Gases verwandelt sich in Benzol und andere Kohlenwasserstoffe, während der größte Teil in Kohlenstoff und Wasserstoff zerfällt[5]. Wird Acetylen über glühendes staubförmiges Aluminium geleitet, so tritt vollkommene Zersetzung ein, wobei sich teils Kohle im Rohr abscheidet, teils sich ein Carbid bildet[6]. Dieselbe Erscheinung beim Überleiten über Eisen zeigt sich bei

---

[1] Vgl. Carbid u. Acetylen 1919, Nr. 5, S. 19.
[2] *Wohl*-Danzig: Chem.-Ztg. **46** (1922), 864; D. R. P. Nr. 352 838, 352 839; P. Anm. W. Nr. 54 414; s. a. S. 107.
[3] *Paal* u. *Hohenegger*: Berichte d. Deutsch. chem. Ges. **46**, 128 bis 132 (1913); vgl. Carbid u. Acetylen 1913, Nr. 10, S. 121.
[4] *Paal, Hohenegger* u. *Schwarz*: Berichte d. Deutsch. chem. Ges. **48**, 275 bis 287, 1195 bis 1207 (1915).
[5] *Moissan* u. *Mourreu*: Compt. rend. de l'Acad. des Sc. **122**, 1240.
[6] *Kusnezow*: Berichte d. Deutsch. chem. Ges. **40**, 2871.

einem Gemisch von Acetylen und Wasserstoff[1]. Ein Teil des Acetylens wird hydrogenisiert, und es bilden sich Äthan und Äthylen[2] neben Benzol und dessen Homologen.

In gleicher Weise, wie Eisen wirkt reines reduziertes Kobalt[3]. Beim Überleiten eines Gemisches von Acetylen und Wasserstoff bei einer unterhalb 180° liegenden Temperatur über fein verteiltes Kobalt oder Eisen entsteht ein dem kanadischen Petroleum gleichendes Produkt, welches bedeutend mehr aromatische und Äthylenkohlenwasserstoffe enthält als das in Gegenwart von Nickel gewonnene, dem pennsylvanischen Petroleum ähnliche Produkt[4]. Durch Überleiten von Acetylen über fein verteiltes Nickel erfolgt bei einer Temperatur bis zu 180° Hydrogenisation des Acetylens unter Bildung von Methankohlenwasserstoffen; bei Temperaturen über 180°, jedoch unter Glühhitze, tritt neben der Entstehung von flüssigen Produkten nach Art des rumänischen Petroleums[5] Bildung von Äthylen und Benzolkohlenwasserstoffen ein, wobei sich gleichzeitig ein fester Kohlenwasserstoff, wahrscheinlich Cupren, bildet. Bei höherer Temperatur erfolgt Zerfall des Gases in Kohlenstoff und Wasserstoff[6].

In ähnlicher Weise wie Nickel oberhalb 180° wirkt fein verteiltes Platin auf Acetylen ein[7]. Beim Überleiten von Acetylen über fein verteiltes Silber unter gelindem Erwärmen tritt vollständiger Zerfall des Gases ein. Zink und Quecksilber bewirken fast keine Umwandlung des Acetylens[8].

Zu ähnlichen Feststellungen gelangte *Hilpert*, als er Acetylen bei Temperaturen von 300—500° über Eisen, Nickel, Aluminium, Blei, Quecksilber, Kupfer, Zink und Wolfram leitete. In allen Fällen trat vorwiegend die Abspaltung von Kohlenstoff ein, während die Bildung von Teer bzw. Benzol nur in geringer Menge stattfand. Bei Kupfer wurde die bekannte braune Abscheidung von Cupren festgestellt[9].

Nach D. R. P. Nr. 315 747[10] soll Propylen aus Acetylen und Methan erhalten werden, wenn man diese Gase bei höherer Temperatur über Kontaktkörper, z. B. ein Gemisch von Eisen, Nickel, Kupfer, Silber, Aluminium mit Platin, Palladium, Iridium leitet. Die chemische Fabrik Buckau in Magdeburg will Propylen und dessen Homologe dadurch gewinnen, daß sie ein aus Acetylen und dessen Homologen und Methan und dessen Homologen bestehendes Gemisch bei 200 bis 350° über eine geeignete nicht metallische Kontaktmasse,

---

[1] *Sabatier* u. *Senderens*: Compt. rend. de l'Acad. des Sc. **130**, 1529, 1628, 1762.

[2] *Sabatier* u. *Senderens*: Compt. rend. de l'Acad. des Sc. **131**, 267.

[3] *Moissan* u. *Mourreu*: Compt. rend. de l'Acad. des Sc. **122**, 1240; *Sabatier* u. *Senderens*: daselbst **131**, 267.

[4] *Mailhe*: Chem.-Ztg. **31** (1907) S. 1083, 1096, 1117, 1146, 1158; **32**, (1908) 229.

[5] Handel u. Industrie, München, Dez. 1913, vgl. Carbid u. Acetylen 1914, Nr. 2, S. 16. *Charitschkow*, J. d. Russ. Phys. Ges. **38** (1906) 878—881.

[6] *Sabatier* u. *Senderens*: Compt. rend. de l'Acad. des Sc. **124**, 616; **131**, 187; **134**, 1185.

[7] *Moissan* u. *Mourreu*: Compt. rend. de l'Acad. des Sc. **122**, 1240; *Sabatier* u. *Senderens*: daselbst **131**, 40.

[8] *Erdmann* u. *Köthner*: Zeitschr. f. anorgan. Chemie **18**, 48.

[9] Gesammelte Abhandlungen zur Kenntnis der Kohle **1** (1917), 271/275.

[10] *Arthur Heinemann*: D. R. P. Nr. 315 747 v. 15. März 1913. Franz. Pat. 458 397.

z. B. Titansäure und Kieselsäure, Molybdänsäure, Wolframsäure und deren Salze, Tonerde, Thorerde, Zirkonerde und deren Salze, und Basen leitet[1].

Beim Überleiten von Acetylen über Aluminiumchlorid bei 120 bis 130° bilden sich neben Wasserstoff, Methan und Äthylenkohlenwasserstoffen hauptsächlich Doppelverbindungen höherer Kohlenwasserstoffe mit Aluminiumchlorid, die beim Destillieren mit Kalk Kohlenwasserstoffe ergeben. In den Destillationsprodukten sind flüssige Methan- und Äthylenkohlenwasserstoffe, so flüssige Kohlenwasserstoffe annähernd den Formeln $C_{15}H_{20}$, $C_{10}H_{16}$, $C_{10}H_{18}$, $C_{10}H_{17}$ und Anthracen enthalten[2].

Eine Polymerisation des Acetylens scheint weiter vorzuliegen, wenn Acetylen mit eisenhaltiger Erde auf eine bestimmte Temperatur erwärmt wird. Wird nämlich Ton in einer Acetylenatmosphäre auf die genau innezuhaltende Temperatur von 430 bis 450° erhitzt, so entsteht eine tiefgehende Ablagerung brauner Kohlenwasserstoffe, die beim Brennen des Tones in Gegenwart reduzierender Substanzen, wie Holzkohle, tiefschwarze Färbungen geben[3].

---

[1] D. R. P. Nr. 294794, Kl. 12o, v. 6. Dez. 1912.
[2] *Baud:* Compt. rend. de l'Acad. des Sc. **130**, 1319.
[3] *Le Chatelier:* Zeitschr. f. angew. Chemie **20**, 517.

Verwendung des Acetylens als Ausgangsmaterial für Produkte der chemischen Industrie.

Acetylentetrachlorid (Tetrachloräthan) und seine Abkömmlinge.

Die ersten Versuche zur Herstellung des Acetylentetrachlorids (sym Tetrachloräthan [$C_2H_2Cl_4$]) stammen aus dem Jahre 1869 von *Berthelot* und *Jungfleisch*[1]. Diese fanden, daß sich Acetylen mit Antimonpentachlorid zu einer Doppelverbindung $SbCl_5C_2H_2$ vereinigt, welche mit Antimonpentachlorid erhitzt, unter starker Wärmeentwicklung in Acetylentetrachlorid und Antimonchlorür nach der Gleichung

$$SbCl_5C_2H_2 + SbCl_5 = C_2H_2Cl_4 + 2\,SbCl_3$$

zerfällt. Die Reaktion wurde in einer Destillationsapparatur vorgenommen so daß sich das Acetylentetrachlorid mit Antimonpentachlorid verunreinig in einer Vorlage kondensierte. Als *Berthelot* und *Jungfleisch* die genannt Doppelverbindung des Acetylens und Antimonpentachlorids für sich allein erhitzten, destillierte Acetylendichlorid (sym. Dichloräthylen $C_2H_2Cl_2$) ab

Alle Versuche, Acetylen und Chlor direkt miteinander zur Vereinigung zu bringen, scheiterten an der noch heute nicht völlig aufgeklärten Tatsache daß beim Zusammenbringen der beiden Gase Explosion eintritt, welche an scheinend durch eine schwer entfernbare Verunreinigung des Acetylens be gleichzeitiger Anwesenheit von Luft verursacht wird. Vollkommen reine Acetylen soll sich nach *Römer*[2] im Licht ruhig mit Chlor vereinigen.

Erst im Jahre 1898 gelang es *Mouneyrat*[3], etwas größere Mengen Acetylentetrachlorid nach folgendem Verfahren darzustellen. Er erhitzte Äthylenchlorid, welches mit Aluminiumchlorid versetzt war, auf 70 bis 75° und leitete Chlor und Acetylen in die Flüssigkeit ein. Die Gase vereinigten sich, wenn jede Spur Luft ausgeschlossen war, zu Acetylentetrachlorid, wobei gleichzeitig auch Hexachloräthan infolge Chlorierung des primär gebildeten Acetylentetrachlorids entstand.

Diese Gewinnungsweisen gestatten teils wegen der Kostspieligkeit, teil wegen der nie ganz zu vermeidenden Explosionsgefahr nicht die technisch Darstellung des Acetylentetrachlorids. Diese wurde zuerst durch das Ver fahren des *Consortiums für elektrochemische Industrie* in München (D. R.] Nr. 154657 vom 29. Juli 1903) ermöglicht, nach welchem heute das Produkt in großem Maßstabe an mehreren Orten hergestellt wird. Bei diesem Ver fahren wird Acetylen und Chlor abwechselnd oder gleichzeitig, aber an ve

---

[1] Liebigs' Annalen Suppl. **7**, 252.
[2] Liebigs Annalen **233**, 183.
[3] Bulletin de la Soc. chim. (3) **19**, 447, 452, 454.

schiedenen Stellen, so daß die Gase nicht in direkte Berührung miteinander kommen können, in Antimonpentachlorid eingeleitet, wobei mit guten Ausbeuten Vereinigung der beiden Gase zu Acetylentetrachlorid stattfindet. Es bildet sich hierbei beim Einleiten von Acetylen im Antimonpentachlorid die von *Berthelot* bereits beschriebene Doppelverbindung $SbCl_5 C_2H_2$ und auch die Doppelverbindung $SbCl_5 2 C_2H_2$, welche mit Chlor unter Bildung von Acetylentetrachlorid und Rückbildung von Antimonpentachlorid reagieren. Das Antimonpentachlorid reagiert aufs neue mit Acetylen usf. Es wird also bei dieser Reaktion nicht verbraucht, sondern wirkt als Katalysator, und es liegt hier der immerhin seltene Fall vor, daß der Mechanismus einer Katalyse völlig klar ist, da die Zwischenstufen genau festgestellt werden

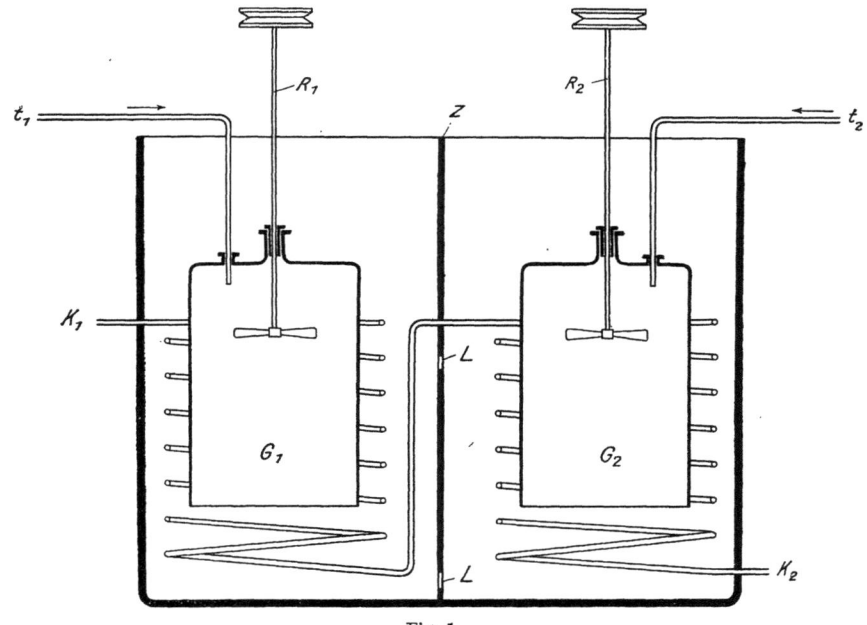

Fig. 1.

können. Die Apparatur wird schematisch durch Fig. 1 wiedergegeben. Die Gase treten in die mit Rührer R_1 und R_2 versehenen Glocken G_1 und G_2 ein, die Flüssigkeit zirkuliert durch die Wirkung der Rührer durch kleine Öffnungen L der Scheidewände Z, so daß also die mit dem einen Gas zur Reaktion gekommene Flüssigkeit stets alsbald mit dem andern Gas in Kontakt gebracht wird. Es wird mit konzentriertem Katalysator und niedrigem Flüssigkeitsstand begonnen. Durch die Acetylentetrachloridbildung füllt sich der Apparat mit Flüssigkeit an. Aus dem Reaktionsprodukt wird durch fraktionierte Destillation das Acetylentetrachlorid abgetrennt, was in weitgehendem Maße gelingt, da während der Destillation das bei 157° siedende Antimonpentachlorid sich unter gleichzeitiger Chlorierung geringer Mengen Acetylentetrachlorid, welche dabei in Pentachloräthan und Hexachloräthan übergehen, in das bei

213° siedende Antimonchlorür umwandelt, während Acetylentetrachlorid bei 144° siedet. Das in der Destillationsblase zurückgebliebene Antimonchlorür wird nach Überführung in Antimonchlorid wieder für eine neue Operation verwandt.

Auf die Darstellung von Acetylentetrachlorid wurden weiterhin eine Reihe Patente von verschiedenen Seiten genommen. Das Verfahren des *Salzbergwerkes Neustaßfurt* (D. R. P. Nr. 174 068 vom 28. Juni 1904) verwendet als Katalysator Schwefelchlorür in Verbindung mit einer geeigneten Kontaktsubstanz, z. B. Eisen oder Eisenverbindungen. Schwefelchlorür allein bildet mit Acetylen keine Doppelverbindung, während es unter Zusatz von wenig Eisen das Gas absorbiert. Auch die so entstandene Verbindung läßt sich durch Chlor zersetzen, wobei bei niedrigerer Temperatur Acetylentetrachlorid, in der Nähe des Siedepunktes der Flüssigkeit Hexachloräthan entsteht. Auch bei diesem Verfahren wird als wichtig bezeichnet, daß die Gase nicht miteinander in Berührung kommen. Will man Acetylentetrachlorid herstellen, so sättigt man zweckmäßig das Reaktionsgemisch nach wiederholter Behandlung mit Acetylen und Chlor zuletzt mit Acetylen und destilliert das gebildete Tetrachloräthan entweder für sich ab oder treibt es mit Wasserdampf über, wobei Schwefel zurückbleibt, der in bekannter Weise in Schwefelchlorür übergeführt wird und als solches in den Prozeß zurückkehrt. Zwecks Darstellung von Hexachloräthan sättigt man zweckmäßig das Schwefelchlorür zuletzt bei Siedehitze mit Chlor. Aus der so erhaltenen Flüssigkeit scheiden sich beim Erkalten Krystalle von Hexachloräthan ab, welche durch Abpressen und Sublimieren oder Destillieren mit Wasserdampf oder Umkrystallisieren mit einem geeigneten Lösungsmittel weiter gereinigt werden.

Harry Kneebone Tompkins (D. R. P. Nr. 196 324 vom 9. September 1905) stellte fest, daß das leicht dissoziierende Antimonpentachlorid einen gewissen Chlordruck hat, infolgedessen beim Einleiten von Acetylen Explosionen entstehen können. Die Herunterdrückung dieser Chlorkonzentration durch Hinzufügung von Antimonchlorür ist Gegenstand seines Patentes. *Tompkins* verfährt nach einem bereits von *Berthelot* geäußerten Gedanken so, daß er Acetylen in ein aus Antimonpentachlorid und Trichlorid bestehendes Gemisch einleitet, welches auf eine so hohe Temperatur erhitzt ist, daß die zunächst entstehende Verbindung ($SbCl_5C_2H_2$) alsbald nach ihrer Bildung mit dem überschüssigen Pentachlorid unter Bildung von Acetylentetrachlorid reagiert, welches dabei abdestilliert. Der Rückstand, im wesentlichen Antimonchlorür, wird durch Einleiten von Chlor in Antimonpentachlorid übergeführt. Dieses Verfahren dürfte wegen seiner Umständlichkeit kaum technisch ausgeführt werden.

Nach D. R. P. Nr. 201 705 vom 28. September 1905 und Nr. 204 516 vom 11. Juli 1906 von *Lidholm* wird die Vereinigung von Acetylen und Chlor zu Acetylentetrachlorid und Acetylendichlorid durch Belichten des Gasgemisches mit Radium- oder Röntgenstrahlen oder mit anderen chemisch wirksamen Strahlen bewirkt, wobei Explosion dadurch verhütet werden soll, daß das Acetylen durch indifferente Gase, z. B. 10% Kohlensäure, verdünnt wird. Das Verdünnungsmittel kann nach *Lidholm* erspart werden, wenn die Intensität der Belichtung so abgemessen wird, daß Explosionen vermieden werden. Auch dieses Patent dürfte kaum technisch verwirklicht werden.

Die *Chemische Fabrik Griesheim-Elektron* (D. R. P. Nr. 204 883 vom 17. Juli 1906) bringt Acetylen und Chlor in der Weise zur gefahrlosen Vereinigung, daß Chlor einerseits und Acetylen andrerseits vor ihrer chemischen Vereinigung mit einem „Verdünnungsmittel fester Natur" (z. B. Sand) gemischt werden und sodann mit Hilfe einer Kontaktsubstanz oder durch Einwirkung chemisch wirksamer Strahlen zur Reaktion gebracht werden, wobei man vorteilhaft die Verdünnung der beiden Komponenten auch während des Vereinigungsprozesses aufrecht erhält. Nach der Griesheimer Patentschrift hat die Gasmischung in der Verdünnung mit Sand nicht mehr die Eigenschaft zu explodieren. Die Korn- bzw. Porengröße ergibt die Praxis von selbst. Im Maximum darf sie nicht so groß sein, daß eine Entzündung der Gase möglich ist, im Minimum darf sie den zuströmenden Gasen keinen zu großen Widerstand entgegensetzen. Den von der *Chemischen Fabrik Griesheim-Elektron* verwandten Apparat zeigt Fig. 2. Ein Rohr mit passender Kühlung wird in seinem unteren Teil a mit gröberen Kieskörnern, in dem mittleren Teil b, welcher mit einem Kühlmantel umgeben ist, mit einer Mischung aus feinerem Sand und Eisenstückchen oder -pulver und im oberen Teil einschließlich der beiden Gaszuleitungsstutzen c^1 und c^2 bis dicht zu dem Stopfen d mit reinem Sand angefüllt. Die beiden Gase Acetylen und Chlor werden getrennt durch die

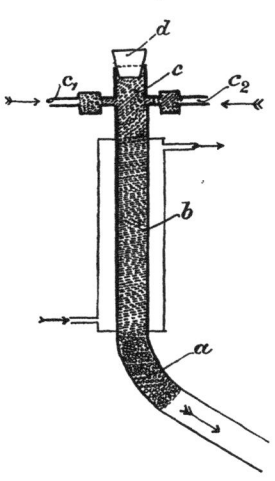

Fig. 2.

beiden Zuleitungsröhren c^1 und c^2 eingeführt und gelangen in der oberen Sandschicht zur Mischung. Sobald das Gasgemisch bis zu der die Kontaktsubstanz enthaltenden Schicht anlangt, tritt eine Reaktion ein, indem sich das Chlor an das Acetylen anlagert, wobei je nach der Schnelligkeit der Gaszuführung eine Temperaturerhöhung bis zu 200° eintreten kann, weshalb für Kühlung Sorge zu tragen ist. Das bei der Vereinigung der beiden Gase entstehende Acetylentetrachlorid sickert nach unten durch und sammelt sich schließlich in der Vorlage an. Durch Waschen mit Wasser und einmaliges Umdestillieren wird das Rohprodukt in wasserhelles Acetylentetrachlorid übergeführt.

Die *Holzverkohlungs-Industrie A.-G. Konstanz* (E. P. Nr. 174 635 vom 27. Jan. 1922) nimmt die Chlorierung des Acetylens in Gegenwart von Wasserdampf bei Temperaturen von 400—500°, mit oder ohne Zusatz von Katalysatoren, wie den Chloriden des Kupfers, Eisens oder Calciums, vor. Der Reaktionsverlauf läßt sich durch Abänderung der Mengenverhältnisse, der Temperaturen und je nach der Schnelligkeit der Einleitung der Gase beliebig gestalten. Z. B. werden Acetylen, Chlor und überhitzter Wasserdampf im Verhältnis von 1 : 2 : 12 Volumenteilen in einer Menge von 15 l in der Stunde bei 500° durch ein feuerfestes Tonrohr geleitet. Das Produkt besteht aus Dichloräthylen, Trichloräthylen, Tetrachloräthan und höherchlorierten Kohlenwasserstoffen in einem Ausbeuteverhältnis von 1 : 6 : 6 : 1. Die Bildung von Polymerisationsprodukten soll bei diesem Verfahren vermieden werden[1].

Nach Angabe des *Salzbergwerkes Neustaßfurt* rührt die früher bisweilen beobachtete, unter Abspaltung von Salzsäure verlaufende Selbstzersetzung des Acetylentetrachlorids bei der Aufbewahrung von der Anwesenheit geringer Spuren von Verunreinigungen und dadurch katalytisch beschleunigter Zersetzungsprozesse her. Völlig reines Acetylentetrachlorid, wie es das *Consortium für elektrochemische Industrie* und das *Salzbergwerk Neustaßfurt* in den Handel bringen, ist unbegrenzt haltbar[2].

Die genauen physikalischen Konstanten des Acetylentetrachlorids werden weiter unten zusammen mit denen der „Acetylentetrachlorid-Derivate" gegeben werden. Acetylentetrachlorid ist eine leichtbewegliche, wasserklare Flüssigkeit von an Chloroform und Tetrachlorkohlenstoff erinnerndem Geruch. Es ist, wie seine noch zu besprechenden Abkömmlinge, unentzündlich; die Flüssigkeit, auf einen Brandherd gegossen, bringt diesen vielmehr zum Erlöschen.

Acetylentetrachlorid besitzt ein sehr hohes Lösungsvermögen für organische Stoffe aller Art, insbesondere Fette, Öle, Harz und teerähnliche Stoffe. Leinöl und Paraffin werden stark gelöst. Das Lösungsmittel selbst ist mit Wasserdampf leicht und fast quantitativ aus der Lösung destillierbar. Bei der trockenen Destillation in gleichzeitiger Gegenwart von Wasser und Metall erleidet es jedoch eine spurenweise Zersetzung, indem sich ein wenig Salzsäure abspaltet, was bei der Anwendung zu berücksichtigen ist. Acetylentetrachlorid löst Phosphor, Jod, Brom, Chlor (etwa das 30fache Volumen). Geschmolzener Schwefel ist oberhalb 120° in jedem Verhältnis mit Acetylentetrachlorid mischbar, während die gesättigte Lösung bei gewöhnlicher Temperatur nur etwa 1% Schwefel enthält. Acetylentetrachlorid ist also zur Extraktion und zum Umkrystallisieren von Schwefel sehr geeignet. Für die technische Verwendung des Acetylentetrachlorids ist in Berücksichtigung zu ziehen, daß die Verbindung wie alle Chlorpräparate narkotische Wirkungen besitzt. Diese treten indessen nicht so leicht auf wie bei Chloroform und Tetrachlorkohlenstoff, da die Flüchtigkeit des Präparates erheblich geringer ist wie die der letzten beiden.

Acetylentetrachlorid ist gegen Säuren, selbst gegen starke Salpetersäure, ziemlich unempfindlich. Hochkonzentrierte Salpetersäure ist in dem Präparat löslich und wird durch Zusatz einer Spur Wasser aus der Lösung wieder ausgefällt. Gegen Alkalien ist es unbeständig und geht unter Salzsäureabspaltung in Trichloräthylen über. Beim Erhitzen des Acetylentetrachlorids im Einschmelzrohr auf 300° entstehen nach *Berthelot* und *Jungfleisch* (a. a. O.) unter Salzsäureabspaltung Trichloräthylen, bei höherer Temperatur Hexachlorbenzol; letzteres jedenfalls in der Weise, daß sich zunächst aus dem

---

[1] Chem. Zentralbl. 1922, IV, 941.
[2] Chem.-Ztg. 32 (1908), 529; Mitteil. von *Precht*-Neustaßfurt.

Trichloräthylen unter weiterer Salzsäureabspaltung Dichloracetylen und aus diesem durch Polymerisation Hexachlorbenzol bildet. Acetylentetrachlorid ist gegen Metalle in trockenem Zustande so gut wie indifferent. Insbesondere ist es für die Technik von Wichtigkeit, daß trockenes Acetylentetrachlorid Schmiedeeisen, Gußeisen, verzinntes und verbleites Eisen, Kupfer und Messing nicht angreift. Bei Gegenwart von Feuchtigkeit greift es dagegen obige Metalle in der Wärme in ähnlichem Maße an wie Tetrachlorkohlenstoff[1]. Verbleite Apparate oder solche aus Kupfer, Messing und Nickel zeigen sich auch gegen heißes Acetylentetrachlorid bei Gegenwart von Wasser sehr widerstandsfähig. Durch die Einwirkung von Zink, Aluminium und Eisen in feinverteilter Form bei Gegenwart von Feuchtigkeit entsteht unter Chlorabspaltung sym. Dichloräthylen (vgl. S. 61). Gegen Chlor ist Acetylentetrachlorid im Dunkeln und in der Kälte beständig; in der Wärme und im Sonnenlicht, namentlich bei Gegenwart von Chlorüberträgern, wie Aluminiumchlorid, Antimonpentachlorid, Chlorschwefel usw. wird es leicht in Penta- und Hexachloräthan übergeführt.

Acetylentetrachlorid hat wegen seiner Nichtbrennbarkeit und seiner hervorragenden lösenden Eigenschaften verschiedentlich Anwendung in der Technik gefunden. Es wird als Lösungsmittel für Lacke, besonders für Celluloseacetat, welches in der Kunstseidenindustrie eine zunehmende Bedeutung erlangt, benutzt. Die Herstellung von Celluloseacetatlösungen sowie von Lösungen anderer Lackbestandteile ist durch D. R. P. Nr. 175 379 (*Lederer*, Sulzbach) geschützt. Es findet auch zum Entfernen alter Farbanstriche, zum Entfetten sowie zur Schwefelextraktion Verwendung. Auch in der Industrie chemischer und pharmazeutischer Präparate ist es als Lösungs- und Krystallisationsmittel vielfach im Gebrauch.

Das Acetylentetrachlorid bildet die Muttersubstanz für eine Reihe andrer organischer Chlorverbindungen, welche gleichzeitig mit dem Acetylentetrachlorid durch die Dr.-*Alexander-Wacker-Gesellschaft* in München auf den Markt gebracht werden, und von denen einige in erheblichem Umfange Eingang in die Technik gefunden haben. Diese Verbindungen nebst ihren wesentlichen physikalischen Konstanten finden sich in nachfolgender Tabelle verzeichnet.

	Formel	Mol. Gewicht	Spez. Gewicht 15°	Siedepunkt korr. bei 738,5 mm °	Dampfdruck bei 20° mm Hg	Spez. Wärme bei 18°	Verdampf. Wärme Cal.	Gefrierpunkt °
Sym. Dichloräthylen	$C_2H_2Cl_2$	96,9	1,278	52	205	0,270	41	—
Trichloräthylen	$C_2 \cdot H \cdot Cl_3$	131,4	1,471	85	56	0,233	57,8	— 70
Perchloräthylen	C_2Cl_4	165,8	1,628	119	17	0,208	50	—
Sym. Tetrachloräthan	$C_2H_2Cl_4$	167,8	1,600	144	11	0,227	52,8	— 30
Pentachloräthan	C_2HCl_5	202,3	1,685	159	7	0,207	45	—
Hexachloräthan fest	C_2Cl_6	236,7	ca. 2	185 subl.	3	0,178	—	—

[1] Vgl. a. Zeitschr. f. angew. Chemie **29** (1916) Nr. 40 II, S. 246, Nr. 88 II, S. 466. J. Soc. chem. Ind. 1916, S. 94/95, 450 bis 452.

Trichloräthylen (C_2HCl_3) ist das für die Technik interessanteste und wichtigste der Acetylentetrachloridderivate. Die Verbindung ist von *Berthelot* und *Jungfleisch* durch Erhitzen von Acetylentetrachlorid im Einschmelzrohr auf 300° unter Salzsäureabspaltung erhalten worden. Es wird heute nach D. R. P. Nr. 171 900 vom 27. Mai 1905 des *Consortiums für elektrochemische Industrie* durch Kochen von Acetylentetrachlorid mit wäßrigen Alkalien, insbesondere Kalk (nach dem Zusatzpatent Nr. 208 854 Kalk auch in fester Form), gewonnen. Nach dem englischen Patent Nr. 23 780, 1906, und dem deutschen Patent Nr. 222 622 vom 23. Oktober 1907, beide von *Tompkins*, wird die S. 56 erwähnte Reaktion von *Berthelot* und *Jungfleisch* in der Weise ausgeführt, daß man Acetylentetrachlorid durch ein glühendes Rohr leitet, wobei neben Salzsäuregas und unverändertem Acetylentetrachlorid, je nach der Höhe der angewandten Temperatur, Trichloräthylen oder dieses im Gemisch mit Hexachlorbenzol übergeht.

Trichloräthylen bildet eine chloroformähnlich riechende Flüssigkeit vom Siedep. 85°. Gegen verdünnte Alkalien und Kalk ist Trichloräthylen beständig. Mit starken Alkalilösungen gekocht, bildet es spurenweise Dichloracetylen (C_2Cl_2), welches selbstentzündlich ist. Bei längerem Erhitzen im Rohr auf 300° geht Trichloräthylen, offenbar unter intermediärer Bildung von Dichloracetylen in dessen Polymerisationsprodukt Hexachlorbenzol über, wie bereits oben erwähnt wurde. Es hat vor dem Acetylentetrachlorid sowie vor dem Tetrachlorkohlenstoff den für die Technik wichtigen Vorzug, Metalle, insbesondere Eisen und Blei, auch bei Gegenwart von Wasser in der Hitze nicht anzugreifen, so daß es als vollwertiger Ersatz für das entzündliche Benzin in der Extraktionstechnik bereits vielfach verwandt wird. Der Siedepunkt liegt für die meisten Zwecke der Extraktionstechnik sehr günstig. Die Extraktion mit demselben braucht im gleichen Apparat erheblich kürzere Zeit als die Benzinextraktion. Es rührt dies zum Teil von seiner geringen Verdampfungswärme her, zum Teil daher, daß es als einheitliche Verbindung durchweg den gleichen Flüchtigkeitsgrad besitzt, während die letzten Reste Benzin sehr langsam aus dem Öl zu entfernen sind. Die narkotischen Wirkungen des Trichloräthylen sind nicht stärker[1], sondern eher geringer als die des Tetrachlorkohlenstoffes. Trichloräthylen ist ähnlich dem Acetylentetrachlorid ein gutes Schwefellösungsmittel und wird auch für Aufbereitung der Gasreinigungsmasse empfohlen. Auch in der Wasch- und Detachiertechnik findet es für sich und in Verbindung mit Seifenlösungen (z. B. „Triol") oder in Emulsion mit sulfonierten Fetten und Ölen, sulfonierten Fett- und Ölsäuren, insbesondere mit Türkischrotölen[2] Verwendung. Bedenken gegen die Anwendung von Trichloräthylen in eisernen Apparaten liegen kaum vor, wenn auch zu empfehlen ist, bei der Herstellung der Apparate die Materialstärken etwas kräftiger zu wählen, zumal dort, wo das Eisen mit Trichloräthylendämpfen in Berührung kommt[3]. Wenngleich die narkotischen Eigen-

---

[1] Chem.-Ztg. **32** (1908), 529.
[2] *Stockhausen & Co.*, D. R. P. Nr. 304 909.
[3] *Voigt:* Chem. Apparatur 1917, 177 bis 180, 187 bis 189.

schaften des Trichloräthylens nicht stärker sind als die von Benzin, so wurde es dennoch z. B. bei der Metallentfettung erst dann mit Erfolg angewandt, als man dazu überging, die Entfettung in geschlossenen Behältern vorzunehmen. Ein solcher Apparat wird z. B. gebaut von der Firma *Max Keller*, Berlin NW. Das Trichloräthylen löst nicht nur das Fett der metallischen Gegenstände, sondern entfernt auch den Schmutz, der in den Vertiefungen sitzt, ohne mechanische Hilfsmittel[1], so daß die Metallgegenstände vollkommen fettfrei und blank den Apparat verlassen[2]. Zum Entfetten von Abwässerschlamm wird ebenfalls Trichloräthylen verwendet. Ein solcher von der Maschinenfabrik *Wilhelm Wurl*, Berlin-Weißensee gebauter Extraktionsapparat ist in der Dresdner Abwässerbeseitigungsanlage aufgestellt. Trichloräthylen findet ferner Anwendung als Lösungsmittel für Harze, Lacke, Celluloseacetat, für Gewinnung von Harz und Terpentinöl aus Schnittholz, Holzabfällen usw., für Extraktion von Knochen, bituminösen Bodenprodukten und den verschiedensten Rückständen der öl- und fettverarbeitenden Industrien, wie Kadavermehl, Fischabfälle, Leimrückstände, Lederabfälle, Abfälle aus der Woll- und Baumwollindustrie, Putzwolle, Walk- und Wollfettkuchen usw.[3]. Auch bei dem Verfahren zur Holzschnellreifung der Firma *Benno Schilde G. m. b. H.*, Hersfeld, nach dem es gelingt, aus waldfrischem, eben gesägtem Holz in drei Tagen ein für jede Verarbeitung reifes Holz unter Gewinnung der Extraktionsharze usw. herzustellen, wird Trichloräthylen verwendet[4]. Auch zur Filmreinigung soll Trichloräthylen mit bestem Erfolg verwendet werden[5]. Schließlich wird es auch in der Sprengstoffindustrie als Ersatz für Alkohol zum Umkrystallisieren von Trinitrophenol und Trinitrotoluol benutzt[6].

Die Einführung des Trichloräthylens in die Extraktionstechnik wurde dadurch erschwert, daß fast jedes Extraktionsgut seinen Eigenschaften entsprechend behandelt werden muß, und demnach sehr oft eine besondere Apparatur erfordert, wenngleich das Bestreben der Industrie dahin geht, einen Extraktionsapparat zu schaffen, der womöglich für alle vorkommenden Fälle verwendbar ist. Bei jedem neuen Material bedarf es einer Reihe unentbehrlicher Vorarbeiten, die naturgemäß sich über einen langen Zeitraum erstrecken müssen. Da infolge der größeren Lösungsfähigkeit des Trichloräthylens, z. B. für Pflanzenharze mitunter anders gefärbte Produkte erzielt werden, wie bei der Extraktion mit Benzin oder einem andren Lösungsmittel,

---

[1] Zeitschr. f. Gewerbehygiene, Unfallverhütung u. Arbeiter-Wohlfahrtseinrichtungen. Wien 1917; s. a. Zeitschr. d. Österr. Acetylenvereins 1917, Nr. 7.

[2] Jahresbericht der preußischen Reg.- und Gewerberäte 1913; Zentralblatt für Gewerbehygiene 1915, Nr. 1, S. 21; vgl. auch Carbid und Acetylen 1915, Nr. 5, S. 23; Nr. 15, S. 67.

[3] *Merz*: Zeitschr. d. Österr. Acetylenvereins 1911, Nr. 7; s. auch Carbid und Acetylen 1911, Nr. 17, S. 199 bis 202.

[4] *Voigt* a. a. O.; vgl. a. Carbid und Acetylen 1919, Nr. 7, S. 27.

[5] Bericht der österr. Gewerbeinspektoren; Zeitschr. d. österreich. Acetylenvereins 1917, Nr. 16; vgl. auch Carbid und Acetylen 1918, Nr. 14, S. 56.

[6] Chem.-Ztg. 34 (1910), Nr. 153, S. 967; D. R. P. Nr. 299 015. Kl. 12o vom 31. Oktober 1913.

so ergibt sich daraus von selbst, daß dann bezüglich der Raffination der gewonnenen Öle und Fette auch andere Methoden eingeschlagen werden müssen.

So hat sich das Trichloräthylen, wie aus den oben gemachten Angaben hervorgeht, wenn auch langsam, in der Extraktionstechnik seinen Weg gebahnt, und es dürfte in Zukunft dieses Anwendungsgebiet sich noch vergrößern, denn die Technik besitzt in ihm ein gleichzeitig unentzündliches und gegen Metalle unempfindliches Lösungsmittel von mäßigem Preise; außerdem dürfte das bisher wohl am meisten verwendete Benzin, insbesondere infolge der starken Nachfrage als Automobilbetriebsstoff für Extraktionszwecke weniger zur Verfügung stehen. Es ist ferner zu berücksichtigen, daß Trichloräthylen im Inlande hergestellt wird, und somit der deutschen Volkswirtschaft große Summen erhalten bleiben können.

Auch in die Laboratoriumspraxis hat sich das Trichloräthylen als Extraktionsmittel u. a. für quantitative Fettbestimmungen Eingang verschafft. Die mit ihm erhaltenen Werte weichen nur innerhalb der Fehlergrenzen von den z. B. mit Äther erhaltenen ab, wie aus nachfolgender Aufstellung hervorgeht[1]:

Futtermittel	mit Äther extrahiert Fettgehalt			mit Trichloräthylen extrahiert Fettgehalt		
	I %	II %	Mittel %	I %	II %	Mittel %
Reisfuttermehl	12,03	12,02	12,03	11,80 11,79	11,82 11,74	11,79
Leinkuchenmehl . . .	8,2	8,07 8,01	8,09	7,82 7,73	7,83 7,75	7,78
Baumwollsamenmehl .	9,03	8,98	9,01	8,95	9,02	8,99
Palmkuchenmehl . . .	6,55	6,55	6,55	6,30	6,34	6,32
Gerstenschrot	2,40	2,40	2,40	2,24	2,26	2,25
Cocoskuchen	11,28	11,23	11,26	10,97 11,02	10,96 11,02	10,99
Erdnußkuchen	7,05	6,87	6,96	6,57 6,74	6,57 6,69	6,64
Sonnenblumenkuchen .	9,54	9,44	9,49	9,38	9,38	9,38
Maisschlempe	8,40	8,39	8,40	8,09	8,04	8,07
Biertreber	7,02	7,02	7,02	6,82	6,75	6,79
Maisölkuchenmehl . .	10,24	10,27	10,26	10,36	10,58	10,47
Sojabohnenmehl . . .	6,15	6,19	6,17	6,20	6,18	6,19

Eine sehr interessante Verwendungsmöglichkeit des Trichloräthylens ist die für eine Synthese des Indigos. Trichloräthylen bildet, mit Ätznatron, Kalk und Alkohol erhitzt, Dichlorvinyläther, welcher mit Wasser erhitzt unter Salzsäureabspaltung in Chloressigester übergeht. Die Gleichungen sind die folgenden:

$$C_2HCl_3 + NaOC_2H_5 = NaCl + C_2HCl_2OC_2H_5$$
$$C_2HCl_2OC_2H_5 + H_2O = HCl + CH_2ClCOOC_2H_5 \, .$$

---

[1] *Neumann:* Chem.-Ztg. **35** (1911), Nr. 112, S. 1025; vgl. auch Carbid und Acetylen 1912, Nr. 3, S. 32.

Chloressigester gibt mit Anilin Phenylglycinester, welcher zu Phenylglycinkalium verseift werden kann (Patente *Imbert* und *Consortium für elektrochemische Industrie* Nr. 216 940, 209 268, 194 884). Das Phenylglycinkalium kann auf bekannte Weise durch Schmelzen mit Alkali in Indoxyl und Indigo übergeführt werden. Bisher wurde bekanntlich die Chloressigsäure, welche die *Farbwerke vorm. Meister, Lucius & Brüning* und die *Badische Anilin- und Soda-Fabrik* zur Indigosynthese verwenden, aus Essigsäure hergestellt, die bei der Holzdestillation gewonnen wurde. Da neuerdings Essigsäure ebenfalls aus Acetylen gewonnen werden kann (vgl. S. 85), so sind jetzt zwei Möglichkeiten gegeben, um vom Acetylen zum Indigo zu gelangen.

Nach dem engl. Patent Nr. 173 540 vom 2. Juli 1920 soll es möglich sein, Phenylglycin und dessen Derivate in einem einzigen Arbeitsgang aus Trichloräthylen oder Tetrachloräthan und Anilin herzustellen[1].

Trichloräthylen soll sich ferner durch Behandeln mit Schwefelsäure bestimmter Konzentration kontinuierlich in Chloressigsäure überführen lassen[2].

Dichloräthylen ($C_2H_2Cl_2$) wurde bereits von *Berthelot* und *Jungfleisch* durch Erhitzen der Acetylen-Antimonchloridverbindung gewonnen nach der Gleichung:
$$SbCl_5 \cdot C_2H_2 = SbCl_3 + C_2H_2Cl_2.$$

Die technische Darstellung wurde indessen erst ermöglicht, als Acetylentetrachlorid leicht erhältlich war. Durch Behandeln mit Zink, Eisen oder Aluminium in fein verteilter Substanz bei gleichzeitiger Anwesenheit von Wasser geht Acetylentetrachlorid nämlich in symmetrisches Dichloräthylen (Siedep. 52°) über (D. R. P. Nr. 216 070 des *Consortiums für elektrochemische Industrie* vom 10. August 1907, Zusatzpatent Nr. 217 554). Die Reaktion mit Zinkstaub und Aluminium geht unter gewöhnlichem Druck im Rührapparat stürmisch vonstatten, bei Anwendung von Eisen ist Erhitzen auf hohe Temperatur in Druckgefäßen erforderlich. Das Dichloräthylen steht in seinen chemischen und physikalischen Eigenschaften dem Trichloräthylen nahe und soll wie dieses antiseptische Eigenschaften besitzen[3]. Es ist besonders ausgezeichnet durch ein hohes Lösungsvermögen gegenüber Kautschuk (*Fischer*, D. R. P. Nr. 211 186 vom 20. Januar 1907).

Das technische Dichloräthylen[4] ist ein Gemisch der beiden Stereoisomeren. Es siedet zwischen 50 und 60° C und hat das spez. Gewicht 1,28. In seinem Lösungsvermögen entspricht es etwa dem Äther, so daß es vorteilhaft an dessen Stelle verwendet werden kann. Da es im Gegensatz zu diesem nicht explosionsgefährlich ist — die Flamme, welche beim Anzünden von Dichloräthylen entsteht, löscht sich sogleich selbst aus — kann es unbedenklich auf

---

[1] British Dyestuffs Corp. London, *Levinstein* und *Imbert*-Blackley Manchester. E. P. Nr. 173 540 vom 2. Juli 1920. Fr. Pat. Nr. 527 554 vom 23. November 1920. Schweiz. Pat. Nr. 93576 vom 16. November 1920. Chem. Zentralblatt 1922, IV, S. 760.

[2] Soc. des Produits Chimiques d'Alais et de la Camargue. Franz. Pat. Nr. 497 378 vom 4. Dezember 1919, 503 158 vom 4. Juni 1920; D. R. P. Nr. 359 910, Kl. 12o vom 1. Juli 1920; Chem.-Ztg. **45** (1921), Nr. 68/70, S. 135; **46** (1922); Chem.-techn. Übersicht S. 3, 366.

[3] *Salkowski:* Biochem. Zeitschr. **107** (1920), 191; Chem. Zentralbl. 1920, IV, 515.

[4] Chem.-Ztg. **45** (1921), Nr. 33, S. 266.

dem Arbeitstisch des Laboratoriums in der Nähe der Flamme für Krystallisations- und Lösungszwecke gebraucht werden. Ein weiterer Vorteil ist das geringe gegenseitige Lösungsvermögen von Dichloräthylen und Wasser: Wasser löst nur 0,5% Dichloräthylen. Es werden hierdurch einerseits die Lösungsmittelverluste verringert, andrerseits nimmt das Dichloräthylen gegenüber Äther ganz unbedeutende Mengen Wasser aus den zu extrahierenden Lösungen heraus. Das beim Arbeiten mit Äther notwendige Trocknen der Lösung mit Chlorcalcium oder Natriumsulfat und die damit verbundenen Verluste fallen also weg. Beim Gebrauch ist auf das spez. Gewicht insofern Rücksicht zu nehmen, als beim Ausschütteln von Salzlösungen naturgemäß jene Konzentrationen der Salze vermieden werden müssen, bei denen die Lösung und das Dichloräthylen ein gleiches spez. Gewicht haben. Die Entfernung des Lösungsmittels muß bei einer etwas höheren Temperatur als beim Äther erfolgen. Vergleichsweise Versuche mit Äther und Dichloräthylen zum Zwecke der Feststellung der Verwendbarkeit bei der Herstellung verschiedener organischer Präparate haben keine nennenswerten Unterschiede in der Ausbeute und der Beschaffenheit jener Stoffe ergeben. Dichloräthylen dürfte daher in vielen Fällen des präparativen und analytischen Arbeitens im Laboratorium als Ersatz für Äther geeignet sein[1]. Indessen ist bei seiner Verwendung insofern Vorsicht geboten, als es nicht zur Extraktion ätzalkalischer Lösungen bei Siedehitze verwendet werden sollte. Beim Kochen von Dichloräthylen mit wässriger oder alkoholischer Natron- oder Kalilauge kann nämlich Monochloracetylen entstehen, das selbstentzündlich ist[2]; bei der Verwendung von Sodalösung geht die Zersetzung langsamer vor sich[3]. Durch Einwirkung von rauchender Schwefelsäure auf Dichloräthylen soll Chloracetaldehydsulfosäure erhalten werden[4].

Perchloräthylen (C_2Cl_4) wird durch Kochen von Pentachloräthan mit Kalk hergestellt, in ähnlicher Weise wie das Trichloräthylen aus Acetylentetrachlorid gewonnen wird. Es stellt eine relativ schwachriechende Flüssigkeit vom Siedep. 119° dar, deren chemische und physikalische Eigenschaften denen des Dichloräthylens und Trichloräthylens ähneln. Es findet wegen seines relativ schwachen Geruches vorzugsweise als Detachiermittel Anwendung, und es dürfte seine Verwendung überhaupt überall da in Frage kommen, wo ein geringerer Flüchtigkeitsgrad als der des Tri- und Dichloräthylens und dabei Indifferenz gegenüber Metallen gewünscht wird. Mit Vorliebe wird es als Schwefellösungsmittel verwendet[5].

Zur Darstellung von gechlorten Acetylchloriden werden die Chlorsubstitutionsprodukte des Äthylens in der Hitze und bei Gegenwart von Metalloiden

---

[1] J. Soc. Chem. Ind. 1916, S. 450 bis 452; Zeitschr. f. angew. Chemie 29 (1916), Nr. 88, II, S. 466.

[2] Vgl. S. 33.

[3] *Thron:* Chem. Ztg. 48 (1924) S. 142; vgl. a. *K. A. Hofmann,* Berichte d. Deutsch. chem. Ges. 42 (1909) S. 4233.

[4] D. R. P. Nr. 362744, Kl. 12o vom 8. Februar 1921; *Chem. Fabriken Weiler-ter Meer, Ürdingen,* s. Chem.-Ztg. 46 (1922); Chem.-techn. Übersicht S. 383.

[5] Carbid und Acetylen 1912, Nr. 20, S. 225.

oder deren Verbindungen, z. B. Brom oder seinen Verbindungen, mit Sauerstoff oder sauerstoffhaltigen Gasen behandelt[1].

Pentachloräthan (C_2HCl_5) wird durch Chlorieren des Trichloräthylens dargestellt. Es steht im Siedepunkt (159°) und auch in seinen sonstigen Eigenschaften dem Tetrachloräthan sehr nahe. Wie dieses ist es gegen Alkalien empfindlich und geht mit diesen erhitzt in Perchloräthylen über. Metalle greift es in feuchtem Zustande, besonders in der Hitze, in ähnlichem Maße an wie Acetylentetrachlorid, während es in trockenem Zustande gegen Metalle indifferent ist. Es besitzt im reinen Zustande noch schwächeren Geruch als Perchloräthylen und ist auch noch weniger flüchtig. Pentachloräthan wird in verhältnismäßig geringen Mengen hergestellt und dient in der Metallwarenfabrikation zum Entfetten von Metallteilen vor der Galvanisation[2]. Behandelt man Pentachloräthan mit rauchender Schwefelsäure, so erhält man Dichloracetylchlorid[3].

Hexachloräthan (C_2Cl_6) entsteht nach *Mouneyrat* (a. a. O.) bei erschöpfender Chlorierung von Acetylentetrachlorid mit Aluminiumchlorid als Katalysator. Nach D. R. P. Nr. 174 068 vom 28. Juni 1904 des *Salzbergwerkes Neustaßfurt* entsteht diese Verbindung auch, wenn man Acetylentetrachlorid und Chlor auf ein Gemisch von Schwefelchlorür mit einer geeigneten Kontaktsubstanz (Eisenpulver) bei hoher Temperatur wirken läßt. Technisch wird es nach einer bereits von *Faraday* ausgeführten Reaktion durch Chlorieren von Perchloräthylen hergestellt. Hexachloräthan ist ein fester, campherähnlich riechender Körper, welcher bei etwa 185°, ohne zu schmelzen, sublimiert. Es ist gegen Alkalien auch bei hoher Temperatur völlig beständig, gegen Metalle dagegen in der Hitze bei Gegenwart von Feuchtigkeit empfindlich und geht unter der Einwirkung von Zink und Wasser unter Chlorabspaltung in Perchloräthylen über. Die Verbindung findet als Ersatz für Campher da Verwendung, wo hauptsächlich der Geruch des Camphers in Frage kommt. Es soll ferner in der Sprengstoffindustrie wahrscheinlich als Kühl- und Verdünnungsmittel Verwendung finden[4].

Hexachloräthan soll nach einem Vorschlag von *Lépine*[5] in Neuchâtel in Mischung mit Pentachloräthan und einer andren organischen, Kautschuk und Harz nicht lösenden und Metalle nicht angreifenden Chlorverbindung, z. B. Äthylenchlorid, Pentachlorbenzol usw. vorteilhaft als unverbrennliches und elektrisch isolierendes Schalter- und Transformatorenölersatzmittel Verwendung finden. *Großmann*[6] (Ober-Urdorf, Schweiz) stellt eine isolierende Füllflüssigkeit für Transformatoren und Schalter dadurch her, daß er

---

[1] D. R. P. Nr. 340 872, Kl. 12o vom 18. Juli 1919; *Consortium f. elektrochem. Industrie:* Chem.-Ztg. **45** (1921); Chem.-techn. Übersicht S. 281.

[2] Carbid und Acetylen 1912, Nr. 20, S. 225.

[3] D. R. P. Nr. 362 748, Kl. 12o vom 22. Februar 1920; *Chem. Fabriken Weiler-ter Meer, Urdingen*, s. Chem.-Ztg. **46** (1922); Chem.-techn. Übersicht S. 383.

[4] Carbid und Acetylen 1912, Nr. 20, S. 225.

[5] D. R. P. Nr. 296 652 vom 24. März 1914.

[6] D. R. P. Nr. 315 402 vom 17. Februar 1914.

organische Chlorverbindungen wie Tetrachlorkohlenstoff, Tetrachloräthan, Epichlorhydrin mit Transformatorenöl und einer organischen Base, wie Anilin, die zum Neutralisieren dienen soll, mischt.

Hergestellt werden die Chlorabkömmlinge[1] des Acetylens in Deutschland vornehmlich von der Dr.-*Alexander-Wacker-Gesellschaft für elektrochemische Industrie* in Burghausen; in Schweden hat die *Stockholms Superfosfatfabriks A. B.* die Herstellung von Tetrachloräthan und Trichloräthylen aufgenommen, in England werden diese Körper von *R. W. Greef & Co.* in London unter dem Namen Westron (Tetrachloräthan) und Westrosol (Trichloräthylen) in der Handel gebracht; in den Vereinigten Staaten liefert sie u. a. die *Dow Chemikal Co*

Zum Schluß seien die Reaktionen der wechselnden Salzsäure bzw. Chlorabspaltungen durch Kalk und Additionen von Chlor zusammengestellt, durch welche Acetylentetrachlorid und seine 5 Abkömmlinge dargestellt werden

1. $C_2H_2 + 2\,Cl_2 = C_2H_2Cl_4$ . . . . Acetylentetrachlorid.
2. $2\,C_2H_2Cl_4 + Ca(OH)_2 = 2\,C_2HCl_3 + CaCl_2 + 2\,H_2O$ . . Trichloräthylen.
3. $C_2HCl_3 + Cl_2 = C_2HCl_5$ . . . . Pentachloräthan.
4. $2\,C_2HCl_5 + Ca(OH)_2 = 2\,C_2Cl_4 + CaCl_2 + 2\,H_2O$ . . . Perchloräthylen.
5. $C_2Cl_4 + Cl_2 = C_2Cl_6$ . . . . Hexachloräthan.
6. $C_2H_2Cl_4 + Zn = C_2H_2Cl_2 + ZnCl_2$ . . . . Dichloräthylen.

Herstellung von Ruß, Graphit und Wasserstoff.

Der hohe Gehalt des Acetylens an Kohlenstoff hat frühzeitig dazu geführt, dieses zur Rußgewinnung zu benutzen, und zwar zunächst durch Oxydation nach dem Anblakeverfahren. Schon vom Jahre 1896 an hat die Firma *Berger & Wirth*[2] in Leipzig-Schönefeld auf diese Weise Ruß in allerdings nur beschränktem Umfange aus Acetylen gewonnen. Letzteres wurd in gewöhnlichen Brennern mit Luftzuführung verbrannt, und dabei der größt Teil des Kohlenstoffes durch Anblaken kalter, rotierender Flächen nieder geschlagen. Der intensiv leuchtenden Acetylenflamme entsteigt dabei de Ruß als dünner, leicht anhaftender Rauch und verdichtet sich an de Wandungen der Auffanggefäße zu äußerst leichten Flocken. Nach Unter suchungen von *A. Ludwig* (*Levy*)[3] stellte der so erhaltene Ruß ein besonder wertvolles Produkt dar von außerordentlicher Schwärze, Reinheit und Fein heit, das sich gut mit Wasser, Öl, Leimlösung und Firnissen mischte, groß Verteilungsfähigkeit besaß, sich vorzüglich verreiben ließ und frei war vo jeder teerartigen Beimischung. Das Verfahren mußte nach einigen Jahre wieder aufgegeben werden, weil sich der Ruß, namentlich mit Rücksicht au die damaligen hohen Carbidpreise und weil dabei ein Teil des Kohlenstoffe verbrennt, so teuer stellte, daß er den Wettbewerb mit den gleichartige amerikanischen Rußsorten nicht aufnehmen konnte. Nach den Angabe von *Berger & Wirth* soll sich das Acetylen in Gemisch mit andren Gase

---

[1] Chem. Ztg. 44 (1920), Nr. 153, S. 967.
[2] D. R. P. Nr. 92 801 vom 25. Oktober 1896; verfallen wegen Nichtzahlung d 7. Jahrestaxe; vgl. ferner englisches Patent Nr. 23 957 vom Jahre 1897.
[3] Zeitschr. f. Calciumcarbid und Acetylen 1899, 57.

(z. B. Ölgas) besonders vorteilhaft nach dem Anblakeverfahren auf Ruß verarbeiten lassen. Auf diese Weise soll es gelingen, auch minderwertige Gase durch Anreicherung mit Acetylen für die Rußbereitung verwendbar zu machen. Von einer praktischen Verwertung dieses Verfahrens ist indessen nichts bekannt geworden.

Von größerer Bedeutung für die Praxis der Rußgewinnung ist die Zersetzung des Acetylens ohne Oxydation, wobei als Nebenprodukt Wasserstoff abfällt. Bekanntlich breitet sich die an einem Punkte eingeleitete Zersetzung des Acetylens sofort durch die ganze Masse aus, sobald das Acetylen unter mehr als 2 Atm Druck steht (vgl. S. 7). Bei dieser Zersetzung entstehen Kohlenstoff und Wasserstoff, und zwar ohne Zwischenbildung irgendwelcher Polymerisationsprodukte. Diese Eigenschaft des Acetylens benutzte zuerst *Hubou* zur Rußgewinnung[1]. Er zersetzte Acetylen in geschlossenen Behältern unter Abschluß von Luft und in Gegenwart von Wasserstoff. Nachdem diese beiden Gase unter bestimmtem Druck komprimiert waren, wurde die Zersetzung des Acetylens mittels elektrischen Funkens bewerkstelligt. Durch die Anwesenheit von Wasserstoff, der sich natürlich auch bei der Explosion bildete, wurde der doppelte Zweck verfolgt, die Luft zu verdrängen und die Explosion zu verlangsamen. Nach der Zersetzung wurde zunächst gewartet, bis die Apparate sich abgekühlt hatten und der Druck des Wasserstoffes, der infolge der Explosion bis auf 40 Atm stieg, auf den ursprünglichen Druck zurückgegangen war. Dann wurde der Wasserstoff durch Öffnung eines Hahnes einem besonderen Gasbehälter zugeführt und hierauf der Explosionsbehälter geöffnet, um den Kohlenstoff herauszunehmen. Der Behälter wurde alsdann wieder geschlossen, mit dem gewonnenen Wasserstoff die beim Öffnen eingedrungene Luft verdrängt und hierauf wieder Acetylen eingepreßt.

Das Verfahren ist einige Zeit in einem Schweizer Carbidwerk betrieben, dann aber hauptsächlich infolge einiger Unfälle wieder verlassen worden. Letztere sollen jedesmal bei zu frühzeitigem Öffnen des noch nicht hinreichend abgekühlten Behälters und dem damit verbundenen Eintritt von Luftsauerstoff erfolgt sein.

Eine eigenartige und sinnreiche Kombination des Oxydations- und Zersetzungsverfahrens hat *Adolph Frank* in Gemeinschaft mit *N. Caro* und *A. R. Frank* ausgearbeitet[2]. Diese erzielen eine teilweise Oxydation des Acetylens durch Anwendung von Kohlenoxyd oder Kohlensäure. Hierbei wird nicht nur der Kohlenstoff des Acetylens abgeschieden, sondern auch der Kohlenstoff des angewendeten Oxydationsmittels, was eine Vergrößerung der Ausbeute zur Folge hat.

Die Zersetzung von Acetylen oder acetylenhaltigen Gemischen unter Abscheidung von Kohlenstoff findet statt, wenn man sie mit Kohlensäure, Kohlenoxyd oder diese Verbindungen enthaltenden Gasen mischt und dieses Gemisch durch erhitzte Röhren leitet oder unter Druck der Einwirkung

---
[1] D. R. P. Nr. 103 862 vom Jahre 1898; verfallen wegen Nichtzahlung der 9. Jahrestaxe.
[2] D. R. P. Nr. 112 416 vom Jahre 1899; verfallen wegen Nichtzahlung der 12. Jahrestaxe.

des elektrischen Funkens unterwirft. Unter diesen Umständen reagieren die Gase aufeinander nach den folgenden Gleichungen:

$$C_2H_2 + CO = H_2O + 3\,C$$
$$2\,C_2H_2 + CO_2 = 2\,H_2O + 5\,C$$
$$C_2H_2 + 3\,CO = H_2O + CO_2 + 4\,C$$
$$C_2H_2 + CO_2 = H_2O + CO + 2\,C\,.$$

Anstatt Acetylen kann man auch dessen Metallverbindungen, besonders die der alkalischen Erden oder andere Carbide, z. B. Aluminiumcarbid oder diese Verbindungen enthaltende Gemische verwenden. Leitet man z. B. über Calciumcarbid bei erhöhter Temperatur Kohlenoxyd, Kohlensäure oder diese Verbindungen enthaltende Gase, so tritt Kohlenstoffabscheidung ein, und zwar hauptsächlich nach den Reaktionen:

$$CaC_2 + CO = CaO + 3\,C$$
$$CaC_2 + 3\,CO = CaCO_3 + 4\,C$$
$$2\,CaC_2 + CO_2 = 2\,CaO + 5\,C$$
$$2\,CaC_2 + 3\,CO_2 = 2\,CaCO_3 + 5\,C\,.$$

Der Kohlenstoff scheidet sich hierbei je nach der angewendeten Temperatur und der Dauer der Einwirkung in mehr oder minder feiner Verteilung oder krystallartig ab.

Die Herstellung von feinstverteiltem Kohlenstoff aus Calciumcarbid gestaltet sich nach diesem Verfahren folgendermaßen: In einer Retorte oder Röhre wird fein zerkleinertes Calciumcarbid auf 200 bis 250° erhitzt und der Einwirkung von Kohlenoxyd so lange unterworfen, bis keine Absorption mehr eintritt. Die erhaltene Reaktionsmasse wird sehr fein gemahlen, mit Wasser geschlämmt und der abgeschlämmte Teil nötigenfalls noch durch Behandlung mit geeigneten Lösungsmitteln vom anhaftenden Kalk befreit. Das so erhaltene Kohlenstoffpulver ist frei von allen teerigen Bestandteilen und in so feiner Verteilung, daß es mit Vorteil zur Fabrikation bester Druckerschwärze und als Ersatz für chinesische Tusche verwendet werden kann.

Leitet man Kohlenoxyd, Kohlensäure oder diese Gase enthaltenden Gemische bei hoher Temperatur oder unter Druck ein, so scheidet sich Kohlenstoff in graphitischer Form ab. Der auf diese Weise erhaltene Graphit ersetzt den natürlichen Graphit in allen seinen Verwendungsarten.

Die Abscheidung des Kohlenstoffes aus Carbiden bzw. Acetylen durch Kohlensäure, Kohlenoxyd oder diese Verbindungen enthaltende Gase kann mit Vorteil dort benutzt werden, wo es darauf ankommt, feinverteilten Kohlenstoff für chemische Zwecke anzuwenden. Hierbei werden zweckmäßig beide Prozesse, nämlich der Prozeß der Kohlenstoffabscheidung und Kohlenstoffbindung vereinigt. So z. B. findet dieser Prozeß bei Kohlung von Metallen vorteilhafte Anwendung. Beim Zementieren von Eisen z. B. bringt man das zu zementierende Metall in geeigneter Weise mit den Carbiden in Berührung und leitet bei hoher Temperatur z. B. Kohlensäure oder diese Verbindung enthaltende Gemische mit oder ohne Zusatz von Acetylen darüber. Bei Anwendung von Acetylen kann natürlich die Anwesenheit von Carbiden fortfallen[1].

Eine andere Verwendungsart dieser Kategorie ist das sog. Oxydieren des Silbers. Silberne Gegenstände werden mit Carbidpulver belegt und bei 150 bis 200° der Einwirkung von Kohlenoxyd unterworfen. Der sich hierbei abscheidende Kohlenstoff brennt sich ein und verleiht dabei dem Silber das beliebte oxydische Aussehen.

Später fanden *Frank* und seine Mitarbeiter, daß auch bei Einwirkung noch anderer Stoffe als Kohlenoxyd und Kohlensäure auf Carbid, welche unter Abscheidung von Kohlenstoff auf Carbid reagieren, dieser Kohlenstoff sich in Graphitform abscheidet, wenn man diese Stoffe bei höherer als der Reaktionstemperatur einwirken läßt[2]. Diese höhere Temperatur kann auf verschiedene Weise erzielt werden, so z. B. dadurch, daß man die zur Reaktion gelangenden Stoffe auf höhere Anfangstemperatur erhitzt, als zur Herbeiführung der Reaktion erforderlich ist, oder daß man die Reaktionsintensität steigert, indem man die zur Reaktion gelangenden Stoffe unter Druck oder in großen Massen und in inniger Berührung aufeinander einwirken läßt.

Man erhält auf diese Weise Graphit, wenn man auf Carbide der Alkalien, Erdalkalien oder Erden, welche rein oder miteinander gemischt oder im Gemisch mit anderen inerten oder die Reaktion fördernden Stoffen sich befinden, Chlor, Brom, Jod, Stickstoff, Phosphor, Arsen, Halogenwasserstoff, Schwefelwasserstoff, Ammoniak, Phosphorwasserstoff, Arsenwasserstoff, organische Halogen-, Schwefel- oder Stickstoffverbindungen oder reduzierbare Verbindungen der Alkalien, Erdalkalien und Erden in der erwähnten Weise einwirken läßt.

Die hierbei anzuwendenden Temperaturen liegen bei den Halogenen und den Halogenwasserstoffverbindungen bei etwa 200 bis 300°, bei Schwefelwasserstoff, Phosphorwasserstoff und Arsenwasserstoff über etwa 300°, bei Stickstoff in freiem oder gebundenem Zustande bei Dunkelrotglut übersteigender Temperatur, ebenso bei Anwendung der Verbindungen der Alkalien, Erdalkalien usw.

Diese Stoffe können rein oder im Gemisch mit anderen inerten oder reaktionsbefördernden Stoffen, ferner feucht oder trocken in freiem oder derart gebundenem Zustande, daß sie bei der Reaktion frei werden, zur Verwendung kommen.

Als Beispiel sei die Einwirkung von Chlor auf Carbid beschrieben. Bei einer Temperatur von 240 bis 245° wirkt Chlor derart auf Calciumcarbid ein, daß Chlorcalcium und Kohle entstehen[3]. Leitet man die Reaktion derart,

---

[1] Die Anreicherung von Kohlenstoff im Eisen durch Acetylen ist nach Untersuchungen *Langenbergs* (J. Iron Steel Jnst. Mai 1917; Zeitschr. f. angew. Chemie **32** (1919), II, S. 57), eine Funktion der Temperatur. Zwischen 890 und 900° zeigt sich eine merkliche Erhöhung der Kohlenstoffaufnahme.

[2] D. R. P. Nr. 174 846 vom 3. November 1904, Zusatz zum D. R. P. Nr. 112 416; verfallen zusammen mit dem Hauptpatent.

[3] Vgl. Handb. f. Acetylen 1904, 18.

daß die Reaktionstemperatur die Anfangstemperatur von 240 bis 245° nicht oder nicht wesentlich übersteigt, so scheidet sich der Kohlenstoff als Ruß ab[1]. Erhitzt man dagegen das Carbid auf eine höhere Temperatur bzw. erzielt man eine höhere Reaktionstemperatur dadurch, daß man die Reaktion selbst ohne Abkühlung vor sich gehen läßt, so scheidet sich der bei der Reaktion entstehende Kohlenstoff in Form reinen Graphites ab. Die gesamte Masse des abgeschiedenen Kohlenstoffes kann nämlich im letzteren Falle durch Oxydation in Graphitsäure übergeführt werden.

Leitet man organische Stickstoffverbindungen, z. B. Methylamin enthaltende Abgase von der Verarbeitung von Schlempe über Carbid bei etwas Dunkelrotglut, so erfolgt Aufnahme des gebundenen Stickstoffes unter Abscheidung von Kohlenstoff in Form der Cyanamidsalze, wobei die Hälfte des Carbidkohlenstoffes als Kohlenstoff abgeschieden wird. Wird hierbei äußere Abkühlung vermieden, so steigt die Reaktionstemperatur über die Anfangstemperatur um 100 und mehr Grad, und es erfolgt Cyanamidbildung, jedoch unter Abscheidung des Kohlenstoffes in Form von Graphit. Die Graphitbildungsfähigkeit steigt, wenn man das Carbid von vornherein auf höhere Temperatur bringt. Versuche der *Chemischen Fabrik Griesheim-Elektron*[2] sollen ergeben haben, daß die im Kalkstickstoff enthaltene Kohle sich zur Herstellung stromleitender Teile an galvanischen Elementen, besonders von Trockenelementen, gut eignet. Sie soll in ihrer Ergiebigkeit sowohl die natürlichen Graphite als auch den besten künstlichen Graphit übertreffen.

Beim Schmelzen von Carbid mit Alkalien oder einer Mischung von Alkali mit Alkalisuperoxyd erfolgt Abscheidung von Kohlenstoff. Wird die Reaktion so geleitet, daß durch äußere Abkühlung oder Regulierung der Flamme die Masse in ruhigem Fluß bleibt, so scheidet sich der Kohlenstoff in einer spezifisch schweren, aber nicht graphitischen Modifikation ab. Werden solche Maßregeln nicht angewendet, so erfolgt eine starke Reaktion unter meßbar starker Temperatursteigerung und hierbei erfolgt die Abscheidung des Kohlenstoffes in nachweisbar graphitischer Form.

Nach einem im Prinzip ähnlichen Verfahren will die *Electricitäts-Actiengesellschaft vormals Schuckert & Co.* Ruß[3] gewinnen. Sie leitet Halogen-substitutionsprodukte der Kohlenwasserstoffe, z. B. Tetrachlorkohlenstoffdämpfe, im Gemenge mit Acetylen durch glühende Röhren oder über erhitztes Carbid. In beiden Fällen wird Kohlenstoff als Ruß abgeschieden. Die Reaktionen verlaufen wie folgt:

$$2 C_2H_2 + CCl_4 = 5 C + 4 HCl,$$
$$2 CaC_2 + CCl_4 = 5 C + 2 CaCl_2.$$

Nimmt man Chloroform statt des Tetrachlorkohlenstoffes, so verlaufen die Umsetzungen folgendermaßen:

$$C_2H_2 + CHCl_3 = 3 C + 3 HCl,$$
$$3 CaC_2 + 2 CHCl_3 = 8 C + 3 CaCl_2 + 2 H.$$

---

[1] Vgl. hierzu weiter unten das Verfahren nach D. R. P. Nr. 132 836.
[2] D. R. P. Nr. 297 412 vom 25. September 1915.
[3] D. R. P. Nr. 132 836 vom 7. März 1901; verfallen wegen Nichtzahlung der 3. Jahrestaxe.

Statt der Chlorverbindungen können z. B. auch diejenigen des Broms benutzt werden.

Der Vorteil dieses Verfahrens gegenüber demjenigen von *Frank* soll darin bestehen, daß man nicht unter Druck zu arbeiten braucht, da die Reaktionen unter gewöhnlichem Druck außer durch den elektrischen Funken auch schon beim Durchleiten durch glühende Röhren bei einer Temperatur von 350° eintreten.

Nach dem schon von *Hubou* angewandten Prinzip hat *F. Morani* ein Verfahren[1] ausgearbeitet, das insofern einen Fortschritt bedeutete, als dabei das von ersterem für erforderlich gehaltene Verdrängen von Luft aus dem Zersetzungsbehälter in Fortfall kam. *Morani* fand nämlich, daß letzteres bei Anwendung eines entsprechenden Druckes unterbleiben kann, da der Sauerstoff der Luft dann keinerlei oxydierende Wirkung auf das Acetylen oder dessen Zersetzungsprodukte ausübt und somit die Luft keine Änderung in dem nach der Gleichung: $C_2H_2 = 2\,C + 2\,H$ verlaufenden einfachen Spaltungsprozeß zu bewirken vermag. Die beigemengte Luft wirkt vielmehr wie ein indifferentes Gas, so daß sie die von *Berthelot* und *Vieille* bei der Explosion von Gemischen des Acetylens mit indifferenten Gasen beobachteten Erscheinungen, bestehend in der Verminderung der Explosionstemperatur und des auftretenden Druckes, hervorruft. Temperatur und Druck sind aber von wesentlicher Bedeutung für die physikalischen Eigenschaften des auf diese Weise zu gewinnenden Rußes, da mit Erhöhung dieser beiden die Beimengung von graphitischem Kohlenstoff wächst. Letzterer ist aber als die schädlichste Beimengung zum Acetylenruß anzusehen. Die Erkenntnis dieser Tatsache veranlaßte *Morani*, dem zu zersetzenden Acetylen einen gasförmigen exothermischen Kohlenwasserstoff oder eine Mischung solcher Gase zuzusetzen, welche ohne irgendwelche Beeinflussung des vor sich gehenden chemischen Zersetzungsprozesses einen Teil der dabei frei werdenden Energie aufnehmen, indem sie dabei ebenfalls in Kohlenstoff und Wasserstoff zerfallen (z. B. Methan, Äthan, Steinkohlengas). Er erreichte auf diese Weise nicht nur eine Verringerung des Explosionsdruckes und eine Herabsetzung der Temperatur, sondern auch eine erhöhte Ausbeute an Ruß von größerer Homogenität und demgemäß besserer Qualität. Es gelang ihm auf diese Weise, den Explosionsdruck bis auf 12 Atm herabzumindern.

Von keinem der bis jetzt beschriebenen Verfahren ist — abgesehen von dem nach dem Anblakesystem arbeitenden Verfahren von *Berger & Wirth* — bekannt geworden, daß es dauernd im Großbetriebe zur Anwendung gekommen sei. Allerdings ist von der *Carbonium G. m. b. H.* in Offenbach a. M. nach dem von *Machtholf* modifizierten und verbesserten *Hubou-Moranischen* Prinzip in Friedrichshafen am Bodensee eine große Fabrik erbaut worden, in welcher vom Juni 1910 an Acetylen im großen Umfange unter Druck auf Ruß und Wasserstoff verarbeitet wurde. Der letztere wurde an die Zeppelingesellschaft

---

[1] D. R. P. Nr. 141 884 vom 12. September 1901; verfallen wegen Nichtzahlung der 5. Jahrestaxe.

zur Füllung von Luftschiffen abgegeben, während der Ruß in großen Mengen auf den Markt gelangte. Das wichtigste an dem *Machtholf*schem Verfahren[1] besteht darin, daß der zur Zerlegung des Acetylens dienende Spaltapparat nicht jedesmal nach der Explosion geöffnet zu werden braucht, vielmehr der abgeschiedene Ruß in einfachster Weise und ohne Eindringen von Luft aus dem Spaltapparat direkt in das zur Verpackung dienende Gefäß befördert wird. Der Spaltapparat kann deshalb kontinuierlich benutzt werden.

Die Anlagen wurden 1911 infolge großer Nachlässigkeit durch eine Explosion zerstört. Widrige äußere Verhältnisse und Geldmangel bedingten darauf die Einstellung des an sich tadellos arbeitenden Verfahrens.

Der nach diesem Verfahren gewonnene Acetylenruß ist als nahezu chemisch rein zu bezeichnen, was insofern besonders wichtig ist, als er deshalb unbedenklich zur Herstellung schwarzer Farben in der Nahrungsmittelindustrie Verwendung finden kann. *Dr. Uhl*-Offenbach untersuchte im Januar 1910 mehrere Proben von Acetylenruß, die nach dem Verfahren der *Carboniumgesellschaft* hergestellt waren. Die Proben reagierten in wässeriger Aufschwemmung neutral und waren frei von schwefliger Säure, Arsenwasserstoff und Phosphorwasserstoff. Dagegen waren Spuren von Acetylen nachweisbar. Bei der Verbrennung im Sauerstoffstrome hinterblieb ein so geringer Rückstand, daß er kaum wägbar war. Nach einem Verfahren von *Thieme*[2] soll Ruß dadurch gewonnen werden können, daß man gleichzeitig flüssige und gasförmige Kohlenwasserstoffe mittels eines elektrischen Lichtbogens von weniger als 1000 Volt Spannung zersetzt. Die Rußgewinnung soll folgendermaßen vor sich gehen. Ein Kessel von etwa 2 cbm Inhalt wird zu $^1/_3$ mit schwer- oder leichtflüssigen Kohlenwasserstoffen, z. B. Braunkohlenteerölen, und zu $^1/_3$ mit gasförmigen Kohlenwasserstoffen, z. B. Acetylen gefüllt und in dem Kohlenwasserstoffgemisch ein Lichtbogen hervorgerufen, wodurch die Spaltung eintritt. Die *Berlin-Anhaltische Maschinenbau-A.-G.*[3] will die Gewinnung der bei niedriger Temperatur sich absetzenden wertvolleren Ruße und deren Trennung von den bei höherer Temperatur sich abscheidenden graphitischen Kohlenstoffen dadurch erreichen, daß die Spaltung der Kohlenwasserstoffe in mehreren Retorten, Röhren oder Kammern vorgenommen wird, die in Hintereinanderschaltung stufenweise höher beheizt werden. Das Gas tritt seitlich in die oberen Enden der erhitzten Retorten ein, durchströmt sie von oben nach unten und wird teilweise in Ruß und Wasserstoff gespalten.

Der Acetylenruß kann bezüglich seiner Eigenschaften mit den feinsten amerikanischen Rußsorten erfolgreich in Wettbewerb treten, da er den Hauptanforderungen, die man an einen erstklassigen Ruß stellen muß, gute Deckkraft, tiefe Schwärze und dabei große Ausgiebigkeit, gerecht wird. Er ist jedoch feinkörniger und deshalb spezifisch schwerer (spez. Gew. = 1,93 bis

---

[1] D. R. P. Nr. 194 301 vom 14. März 1905, Nr. 194 939 vom 14. März 1905, Nr. 207 520 vom 9. November 1907.

[2] D. R. P. Nr. 297 266 Kl. 22 f. vom 21. November 1914.

[3] D. R. P. Nr. 312 546 Kl. 22 f. vom 2. Juni 1917.

2,0 gegen 1,7 für gewöhnlichen Lampenruß[1] als dieser und saugt infolgedessen mehr Firnis auf, was bei seiner Verarbeitung zu beachten ist. Die Folge davon ist, daß die aus ihm hergestellte Farbe matter wird. Ein solcher matter Glanz wird vielfach für Kunstdruck besonders geschätzt.

Die besseren Sorten von amerikanischem Ruß haben einen besonderen Glanz, der dem Acetylenruß aus dem angegebenen Grunde fehlt. Dort, wo es auf solchen Glanz ankommt, kann man die teuren amerikanischen Rußsorten bis zu 50% mit dem Acetylenruß mischen, ohne daß deshalb erfahrungsgemäß der Glanz erheblich abnimmt. Weiter wird der Acetylenruß mit besonderem Vorteil durch Vermischung zur Aufbesserung mancher billigeren deutschen Rußsorten benutzt.

Acetylenruß findet in der Farben-, namentlich in der Buchdruck- und Lithographenfarbenindustrie Verwendung, ferner in Lack-, Gummi- und Goldleistenfabriken, sowie schließlich auch auf verschiedenen Gebieten der Elektrizitätsindustrie, wo es sich um besonders reinen Ruß handelt. Von Bedeutung ist dabei, daß man für Acetylenruß in Deutschland in der Vorkriegszeit nur etwa 50% des Preises der besseren amerikanischen Rußsorten anzulegen brauchte.

W. G. Mixter[2] fand das spez. Gewicht des Acetylenrußes bei gewöhnlicher Temperatur zu 1,919 und seine Verbrennungswärme bei konstantem Druck und Volumen bei 20° für 1 g = 7894 Cal., für 12 g = 94 726 Cal. Danach wäre also die Verbrennungswärme nahezu dieselbe wie diejenige des Graphits, doch konnte *Mixter* feststellen, daß der von ihm untersuchte Acetylenruß keinen Graphit enthielt. Er hält denselben für eine bis dahin unbekannte, allotrope Modifikation des amorphen Kohlenstoffs.

Der Acetylenruß ist ein guter Wärme- und Elektrizitätsleiter. In der Ätzkalischmelze liefert er eine völlig wasserhelle Lösung, ebenso wie Koks und Graphit[3].

Herstellung
von Acetaldehyd, Essigsäure, Aceton, Alkohol und deren Abkömmlinge.
Herstellung von Acetaldehyd.

Essigsäure und Aceton werden seit Ende des Jahres 1916 im großen Maßstabe technisch aus Acetylen über Acetaldehyd hergestellt. Es bedeutet dies wieder einen wichtigen Fortschritt, durch den chemische Produkte, die bisher aus natürlichen Grundstoffen genommen wurden auf dem Wege der organischen Synthese erzeugt werden.

Bisher wurden z. B. Aceton und Essigsäure zum weitaus größten Teil aus Graukalk gewonnen, von dem im Jahre 1913 20 922 t (hiervon 97% allein aus Amerika) eingeführt wurden. Andererseits wurden im Jahre 1912/13 162 000 hl Spiritus auf Essigsäure und essigsaure Salze verarbeitet.

---

[1] *Hippolyt Köhler:* Die Fabrikation des Rußes und der Schwärze (Braunschweig 1906), S. 125.
[2] Amer. Journ. Science Silliman 1905, 434; Chem. Zentralbl. 1905, II, 98.
[3] *Niggemann:* Gesammelte Abhandlungen zur Kenntnis der Kohle I (1917) S. 18.

In volkswirtschaftlicher Hinsicht würde es also eine bedeutende Ersparnis bedeuten, wenn einerseits die Einfuhr aus dem Auslande wegfiele und andererseits die erzeugten Mengen Spiritus für andere Zwecke erhalten blieben.

Daß man aus Acetylen bei Gegenwart von Quecksilbersalzen Acetaldehyd erhält, ist zuerst von *Kutscherow*[1] festgestellt worden. Später haben *Erdmann* und *Köthner* auf dieselbe Reaktion hingewiesen; sie erhielten Acetaldehyd u. a. dann, wenn Acetylen in kochende verdünnte Schwefelsäure (3 Teile konzentrierte Säure, 7 Teile Wasser) bei Gegenwart von Quecksilberoxyd eingeleitet wurde[2], in einer Ausbeute von etwa 5%. Nach *Eltekow*[3] erfolgt die Einwirkung von Wasser auf Acetylen unter Bildung von Acetaldehyd dadurch, daß sich zuerst Vinylalkohol bildet, der durch weitere Anlagerung von Wasser in Glykol übergeht; dieses endlich gibt unter Wasserabspaltung Acetaldehyd.

$$CH \equiv CH + HOH = CH_2CHOH$$

$$CH_2 \cdot CH \cdot OH + HOH = CH_3CH{<}^{OH}_{OH}$$

$$CH_3CH{<}^{OH}_{OH} = CH_3CHO + H_2O$$

Diese Bildung des Acetaldehyds beruht darauf, daß die Atomgruppierung $C = CHOH$ meist unbeständig ist und in die beständige $CH - CHO$ übergeht, was durch die Annahme einer Anlagerung und Wiederabspaltung von Wasser erklärt werden kann.

Die Anlagerung von Wasser an Acetylen verläuft aber nach *K. A. Hofmann*[4] nur in Gegenwart von Quecksilbersalzen in saurer Lösung genügend rasch und vollständig. Leitet man nämlich Acetylen durch eine siedende Lösung von 3 Vol. Schwefelsäure und 7 Vol. Wasser unter Zusatz von mehreren Prozenten Quecksilbersulfat, so bildet sich kontinuierlich Acetaldehyd. Das Mercurisulfat wie auch das Mercurinitrat oder auch das Quecksilberchlorid liefern zunächst in mäßig saurer Lösung mit dem Acetylen weiße Niederschläge von Trimercurialdehyd[5], z. B. $NO_3Hg(OHg_2) \equiv C - C{<}^{H}_{O}$, oder $(ClHg)_3 \equiv C - C{<}^{H}_{O}$, die durch stärkere Säuren in der Hitze in Mercurisalz und Acetaldehyd gespalten werden.

Chapman und *Jenkins*[6] soll es gelungen sein, eine Verbindung der Zusammensetzung $HgCl_2C_2H_2$ zu isolieren, welche in organischen Lösungsmitteln löslich ist, einen Schmelzpunkt von 113° besitzt und vermutlich die Konstitution $ClHg \cdot CH = CHCl$ aufweist. Es wird angenommen, daß diese Ver-

---

[1] Siehe S. 28 u. 38.
[2] Siehe S. 29 u. 39.
[3] Journ. d. russ. phys.-chem. Ges. **9**, 235. Siehe a. S. 38.
[4] Lehrbuch der anorganischen Experimentalchemie, Braunschweig 1918, 346 bis 347 (vgl. a. S. 29).
[5] *Biltz* u. *Mumm:* Berichte d. Deutsch. chem. Ges. **37**, 4417; **38**, 133.
[6] Journ. Sc. Chem. Ind. 1919, 17/655; vgl. Carbid und Acetylen 1920, Nr. 18, S. 76.

bindung als erstes Zwischenprodukt bei der Synthese des Acetaldehyds aus Acetylen und Quecksilberchlorid auftritt.

Die ersten Patentanmeldungen über die Gewinnung von Acetaldehyd aus Acetylen unter Verwendung von Quecksilbersalz in saurer Lösung erfolgten im Jahre 1907 durch Dr. *A. Wunderlich*[1]. Die beiden Anmeldungen (W. 27 177 und W. 29 233) lauteten:

1. Verfahren zur Darstellung von Acetaldehyd aus Acetylen durch Einwirkung von Mercurisalzen und wässriger Schwefelsäure, darin bestehend, daß man Acetylen auf Mercurisalze bei Gegenwart von wässriger Schwefelsäure unterhalb ihrer Siedetemperatur zweckmäßig bei niedrigen Temperaturen einwirken läßt.

2. Abänderung des durch Anmeldung W 27 177 geschützten Verfahrens zur Darstellung von Acetaldehyd aus Acetylen durch Einwirkung von Mercurisalzen in Gegenwart von wässriger Schwefelsäure, darin bestehend, daß man an Stelle von Schwefelsäure hier andere anorganische sowie organische Säuren einwirken läßt.

Nachdem diese Patentanmeldungen allen Versuchen, sie zu vernichten, standgehalten hatten, fielen sie in letzter Instanz unerwartet und zufällig durch Beschwerde der *Höchster Farbwerke*, als versucht wurde, den Gültigkeitsbereich bis unter 100°, wenn auch nicht bis unter Siedetemperatur durchzudrücken[2].

Das erste Patent auf die Herstellung von Acetaldehyd aus Acetylen wurde *Nathan Grünstein*-Frankfurt a. M. im Jahre 1910 (D. R. P. Nr. 250 356, Kl. 12 o, Gr. 7 vom 16. Februar 1910) erteilt.

Die Patentansprüche lauten:

1. Verfahren zur Darstellung von Aldehyd und dessen Kondensations- und Polymerisationsprodukten aus Acetylen durch Behandeln mit einer Lösung von Quecksilbersalz in Schwefelsäure, dadurch gekennzeichnet, daß man die Reaktion bei niederer Temperatur, am besten bei 15 bis 25°, jedoch nicht über 50°, vornimmt.

2. Abänderung des Verfahrens nach Anspruch 1. dadurch gekennzeichnet, daß man an Stelle von Schwefelsäure eine andere Säure zum Lösen des Quecksilbersalzes benutzt, mit der Maßgabe jedoch, daß man Acetylen bei niederer Temperatur einleitet, die Einleitung zeitweise unterbricht oder vermindert, die Lösung auf hohe Temperatur bringt, dann wieder unter Abkühlung Acetylen einleitet und abwechselnd weiter verfährt.

3. Verfahren nach den Ansprüchen 1 und 2, dadurch gekennzeichnet, daß man der Quecksilbersalzlösung ein indifferentes Salz zusetzt, das imstande ist, den Aldehyd auszusalzen, in welchem Falle bei dem Verfahren nach Anspruch 2 unter Umständen die abwechselnde Erhöhung und Erniedrigung der Temperatur wegfallen kann.

4. Verfahren nach Anspruch 1 dadurch gekennzeichnet, daß man die Quecksilbersalzlösung in Gegenwart eines in der reagierenden Salzlösung unlöslichen flüssigen Stoffes wirken läßt, der auf den entstehenden Aldehyd reichlich lösend wirkt und sich mit ihm aus der wässrigen Schicht anreichert.

In den in der Patentschrift angeführten Beispielen wird u. a. angeführt, daß bei Temperaturen über 30° sich bereits mehr Crotonaldehyd und höhere Kondensationsprodukte auf Kosten des Acetaldehyds bilden. Wird die Temperatur auf 50 bis 60° gesteigert, so nimmt nach einiger Zeit die Absorption des Acetylens bedeutend ab; es bilden sich hochmolekulare Kondensationskörper, die Lösung wird dunkel gefärbt, wobei sich harzige Produkte aus-

---

[1] Zeitschr. f. angew. Chemie **31**, I. 148, 180 (1918). **32**, I. 32, 132 (1919).
[2] a. a. O. 1918, 180; 1919, 132.

scheiden. Während also die Schwefelsäure (45 proz.) schon bei gewöhnlicher Temperatur, besonders aber bei höherer Temperatur stark kondensierend auf den primär gebildeten Aldehyd einwirkt, so daß es unmöglich ist, bei höherer Temperatur mit guter Ausbeute zu arbeiten, ist das Verhalten der meisten übrigen verdünnten anorganischen und organischen Säuren, wie Phosphorsäure, Essigsäure usw. wesentlich anders. Man kann die verdünnte phosphorsaure oder essigsaure Quecksilberoxydlösung z. B. bis auf 100° C bringen, ohne merkliche Kondensation des Aldehyds hervorzurufen. Die Anlagerung des Acetylens an das Quecksilbersalz soll zwar auch bei diesen Säuren bei gewöhnlicher Temperatur annähernd so gut vor sich gehen wie in der schwefelsauren Lösung, jedoch erfolgt die Abspaltung des Aldehyds und die Regeneration des Quecksilberphosphats oder -acetats bei gewöhnlicher Temperatur langsamer als in schwefelsaurer Lösung. Es ist also nötig, die Abspaltung bei höherer Temperatur vorzunehmen. *Grünstein* fand nun, daß man mit Phosphorsaure, Essigsäure usw. auch ohne Anwendung des alternierenden Verfahrens mit Erfolg arbeiten kann, wenn man die Konzentration der Säure entsprechend höher nimmt und das Acetylen bei entsprechend niederer Temperatur einleitet. Der Patentanspruch dieses Zusatzpatentes (D. R. P. Nr. 253707 Kl. 12o, Gr. 7 vom 10. März 1910) lautet:

„Abänderung des durch Patent 250 356 geschützten Verfahrens zur Darstellung von Acetaldehyd und seinen Kondensations- und Polymerisationsprodukten aus Acetylen dadurch gekennzeichnet, daß andere Säuren als Schwefelsäure und Halogenwasserstoff in hoher Konzentration angewendet werden, um das Arbeiten unterhalb 50° nach dem Patentanspruch 1 des Hauptpatentes auch hier möglich zu machen."

In einem weiteren Zusatzpatent (D. R. P. Nr. 253 708 Kl. 12o, Gr. 7 vom 28. Januar 1911) zu dem Hauptpatent Nr. 250 356 wird der Zusatz eines in der reagierenden Salzlösung unlöslichen flüssigen Stoffes auch für andere anorganische oder organische Säuren angewendet. Als solche Stoffe werden Äther, Solventnaphtha usw. empfohlen, die Aldehyd stark lösen, in Wasser aber schwer bzw. unlöslich sind. Leitet man Acetylen z. B. in eine Lösung von Quecksilbersalz in Phosphorsäure bei Gegenwart von Solventnaphtha so bleibt die Säure auch nach mehrmaligem Einleiten des Acetylens beinahe farblos; denn die entstehenden Aldehyde werden fortwährend aus der Lösung extrahiert und der kondensierenden Einwirkung der Säure entzogen. Außerdem soll man beim einfachen Abdestillieren des Aldehyds aus der Solventnaphtha ein reines, beinahe wasserfreies Produkt erhalten. Der Patentanspruch lautet

„Verfahren zur Darstellung von Acetaldehyd und seinen Kondensations- und Polymerisationsprodukten aus Acetylen, dadurch gekennzeichnet, daß man gemäß den Anspruch 4 des Patentes 250 356 Acetylen auf die Quecksilbersalzlösung in Gegenwart eines in der reagierenden Salzlösung unlöslichen, flüssigen Stoffes wirken läßt, der auf den entstehenden Aldehyd reichlich lösend wirkt und sich mit ihm aus der wässrigen Schicht anreichert, wobei an Stelle von Schwefelsäure andere anorganische und organische Säuren gebraucht werden."

Bei der weiteren Ausbildung des Verfahrens der Aldehydgewinnung ergaben Versuche, daß bei der Absorption des Acetylens die Gegenwart der Luft ungünstig einwirkt und daß es für die Absorptionsgeschwindigkeit von größter Bedeutung ist, daß man unter möglichstem Luftabschluß arbeitet, was z. B. dadurch geschehen kann, daß man durch Durchleiten eines kräftigen Acetylenstromes die Luft durch das nicht absorbierte Acetylen verdrängt.

Die Absorptionsgeschwindigkeit ist von großer technischer Bedeutung. Einerseits ist der Kraftverbrauch beim Umrühren oder Schütteln wesentlich für die Möglichkeit und Wirtschaftlichkeit des Verfahrens; andererseits ist es auch wichtig, in kürzester Zeit viel Acetylen einzuleiten.

Wird das Gas nur langsam absorbiert, so wird die Kondensation und Verharzung der gebildeten Produkte so stark, daß unter Umständen die technische Verwertung des Verfahrens in Frage gestellt werden kann. Die Beschleunigung der Absorption ist daher als ein wichtiger technischer Fortschritt zu betrachten. Der Anspruch dieses Zusatzpatentes (D. R. P. Nr. 267 260, Kl. 12o, Gr. 7 vom 10. März 1910) lautet:

„Weitere Ausbildung des durch die Patente 250 356 und 253 707 geschützten Verfahrens zur Darstellung von Acetaldehyd und seinen Kondensations- und Polymerisationsprodukten aus Acetylen, dadurch gekennzeichnet, daß man die Absorption des Acetylens vom ersten Stadium des Prozesses an in einer Acetylenatmosphäre vornimmt."

Nach dem Zusatzpatent Nr. 270 049 (Kl. 12o, Gr. 7 vom 18. Oktober 1910) soll schließlich das in die saure Quecksilbersalzlösung eingeleitete Acetylen nahezu quantitativ in 90 bis 95 proz. Acetaldehyd übergeführt werden können, wenn man das Abdestillieren der erhaltenen Produkte im Vakuum vornimmt, so daß auch während des Destillationsprozesses die Temperatur niedrig gehalten werden kann. Zweckmäßig soll dabei in der Weise gearbeitet werden, daß man kurze Zeit Acetylen einleitet und dann sofort im Vakuum abdestilliert, damit der gebildete Acetaldehyd nur kurze Zeit der kondensierenden Einwirkung der Säure ausgesetzt wird. Durch das Abdestillieren im Vakuum wird die saure Quecksilbersalzlösung so wenig verändert, daß sie wiederholt zu neuen Ansätzen benutzt werden kann, wenn die anfängliche Säurekonzentration wieder hergestellt und das zum kleinen Teil als metallisches Quecksilber ausgeschiedene Salz durch Quecksilbersulfat ersetzt wird. Der Patentanspruch dieses Zusatzpatentes lautet:

Weitere Ausbildung des durch Patent 250 356 und dessen Zusatzpatente 253 707 und 267 260 geschützten Verfahrens zur Darstellung von Acetaldehyd und seinen Kondensations- und Polymerisationsprodukten aus Acetylen, dadurch weiter gekennzeichnet, daß die Isolierung der Aldehyde durch Abdestillieren im Vakuum erfolgt.

Nach neueren Patenten[1] der *Chemischen Fabrik Griesheim-Elektron* und *Nathan Grünsteins* soll Acetaldehyd aus Acetylen dadurch gewonnen werden, daß man in der sauren Reaktionsflüssigkeit mit Hilfe eines elektrischen Stromes eine anodische Oxydation in der Weise durchführt, daß an der Anode stets ein Überschuß von metallischem Quecksilber vorhanden ist.

Unabhängig von *Grünstein* hat sich auch das *Consortium für elektrochemische Industrie G. m. b. H.* in Nürnberg[2] mit der technischen Synthese des

---
[1] D. R. P. Nr. 360 417 18, Kl. 12o vom 11. August 1916 und 4. März 1917; Chem.-Ztg. **46** (1922); Chem.-techn. Übersicht S. 366.
[2] Zeitschr. f. angew. Chemie **31**, I. 148 (1918), jetzt in München.

Acetaldehyds beschäftigt. Die österreichische Patentschrift Nr. 80 901 vom 15. August 1916 (Priorität vom 27. Juli 1912 und 27. März 1913) beschreibt ein kontinuierliches Verfahren zur Darstellung des Acetaldehyds, bei welchem periodische Veränderung der Temperatur und des Drucks vermieden wird. Es wird in Gegenwart von Quecksilberverbindungen mit heißer Säurelösung am besten bei 60 bis 80° und mit einer Säurekonzentration, die zwischen 6 und 35% liegt, gearbeitet. Je höher die Temperatur und je stärker die Säure um so rascher verläuft die Acetaldehydbildung. Gleichzeitig wird aber unter diesen Bedingungen die Bildung von Kondensationsprodukten des Acetaldehyds gefördert. Die Erfindung vermeidet dies dadurch, daß das Acetylen in kontinuierlichem Strome und starkem Überschuß durch die Reaktionsmischung geleitet wird, worauf der den Reaktionsraum verlassende Acetylenstrom durch einen Apparat zur Kondensation oder Absorption des in ihm enthaltenen Aldehyds geleitet und das so von Acetaldehyd befreite Gas im Kreisstrom wieder in den Reaktionsraum zurückgeführt wird. Dadurch wird der Acetaldehydgehalt im Reaktionsgefäß dauernd so niedrig — weit unter 1% — gehalten, daß die Bildung unerwünschter Nebenprodukte verschwindet. Infolgedessen scheidet sich auch das Quecksilber, das bei dem Prozeß durch Reduktion des Quecksilbersalzes entsteht, als reiner Metallregulus ab und kann von Zeit zu Zeit abgezogen werden. Es wird durch periodische Zugabe von Quecksilberoxyd ersetzt. Die Anwendung des kreisenden Acetylenüberschusses ermöglicht überdies nach der Patentschrift überhaupt erst eine geschwinde Acetylenabsorption, da ohne diesen Kunstgriff sich alsbald so viel Aldehyddampf im Reaktionsapparat ansammelt, daß der Partialdruck des reagierenden Acetylens zu weit verringert wird. Es kann somit reiner Acetaldehyd im kontinuierlichen Prozeß und ununterbrochenem Dauerbetriebe gewonnen werden, wobei lediglich von Zeit zu Zeit das am Boden liegende Quecksilber abgelassen und dafür Quecksilberoxyd nachgegeben und das durch die Reaktion verbrauchte Wasser ersetzt wird. Die Patentansprüche lauten:

1. Verfahren zur Darstellung von Acetaldehyd durch Einwirkung von Acetylen auf heiße Säurelösungen in Gegenwart von Quecksilberverbindungen, dadurch gekennzeichnet, daß zwecks Verdrängung des gebildeten Aldehyds ein kontinuierlicher Strom überschüssigen Acetylens in ständigem Kreislauf durch das Reaktionsgefäß und die Absorptionsoder Kondensationsapparate für den Aldehyd getrieben und das vom Aldehyd so befreite Acetylen in den Reaktionsapparat zurückgeführt wird.

2. Verfahren nach Anspruch 1, dadurch gekennzeichnet, daß die Säurelösung dauernd auf einer Temperatur zwischen 60 und 80° erhalten wird.

3. Verfahren nach den Ansprüchen 1 und 2, dadurch gekennzeichnet, daß eine wässerige Schwefelsäurelösung von 6% und darüber mit dem ständig kreisenden Acetylenstrom behandelt wird.

Nach dem Schweizer Patent Nr. 71 990 vom 14. Juli 1914 (Priorität 21. Juli 1913[1]) wird die Schwierigkeit, welche in der Abführung der Wärme bei der stark exothermen Reaktion — auf 1 kg Acetaldehyd werden ungefähr 1000 Cal. frei — liegt, dadurch behoben, daß der Überschuß von Acetylen

---

[1] Siehe englisches Patent Nr. 16 957.

und die Geschwindigkeit des Durchleitens so bemessen werden, daß sich eine Temperatur von 80° ohne Anwendung eines Kühlers aufrecht erhält. Bei genügend starker Zirkulation wird nämlich durch Verdampfung des Wassers aus der heißen Lösung so viel Wärme gebunden wie die Reaktion erzeugt. Ohne diese Maßnahme würde die Abführung der Wärme große Schwierigkeiten bereiten, da für die quecksilberhaltige Säurelösung nur keramisches Material verwendet werden kann. Die Patentansprüche lauten:

Verfahren zur Darstellung von Acetaldehyd durch Einleiten von Acetylen in Lösungen von Quecksilbersalz enthaltenden Säuren nach Patentanspruch des Patentes Nr. 65 921, dadurch gekennzeichnet, daß dauernd ein solcher Überschuß von Acetylen in einen mit Schwefelsäure von 6 bis 35% Gehalt und einem Quecksilbersalz beschickten Reaktionsapparat und einen Apparat zur Abscheidung des im Acetylen enthaltenen Aldehyds mit solcher Geschwindigkeit geleitet wird, daß die Temperatur der im Reaktionsapparat befindlichen Schwefelsäure ihren Siedepunkt nicht übersteigt und eine besondere Kühlung hierbei nicht erforderlich ist.

Unteranspruch:

Verfahren gemäß Patentanspruch, dadurch gekennzeichnet, daß der Überschuß von Acetylen und die Geschwindigkeit des Durchleitens so groß wird, daß im Reaktionsapparat dauernd eine Temperatur von etwa 80° aufrecht erhalten wird.

Nach dem D. R. P. Nr. 291794, (Kl. 12o, Gr. 7 vom 16. März 1913) der Farbenfabriken vorm. *Friedrich Bayer & Co.* in Leverkusen bei Köln a. Rh. werden an Stelle der Schwefelsäure organische Sulfosäuren oder die Quecksilbersalze organischer Sulfosäuren verwendet. Das Hydratationsvermögen dieser Sulfosäuren soll noch in Lösungen geringer Acidität dem der Mineralsäuren gleichen Acidität weit überlegen sein. Dies hat den Vorteil, daß man verhältnismäßig schwach saure Lösungen benutzen kann, die weder während der Darstellung des Acetaldehyds noch bei längerem Stehen des Reaktionsgemenges polymerisierend bzw. kondensierend auf den gebildeten Aldehyd einwirken. An Stelle der reinen Sulfosäuren kann man auch Sulfierungsgemische, z. B. ein mit Wasser verdünntes Gemisch von Benzolsulfosäure und Schwefelsäure, wie es bei der Sulfierung von Benzol erhalten wird, verwenden.

Der Patentanspruch lautet:

Verfahren zur Darstellung von Acetaldehyd aus Acetylen, darin bestehend, daß man als Katalysatoren organische Sulfosäuren unter Zusatz einer Quecksilberverbindung oder die Quecksilbersalze organischer Sulfosäuren verwendet.

Bei allen diesen Verfahren wird das Quecksilber infolge der Aldehydbildung und Nebenreaktionen mehr oder weniger schnell aus der Lösung in metallischer Form abgeschieden. Infolgedessen nimmt die Acetylenabsorption mit fortschreitender Abscheidung des Metalles ab und kommt, wenn nicht frisches Quecksilbersalz bzw. -oxyd zugeführt wird, völlig zum Stillstand. Das abgeschiedene metallische Quecksilber muß dann abgezogen und für sich wieder in Quecksilbersalz übergeführt werden.

Nach dem D. R. P. Nr. 292818 (Kl. 12o, Gr. 7 vom 15. Januar 1914) der *Farbwerke vorm. Meister Lucius & Brüning*, Höchst a. M. soll sich dieser Übelstand dadurch vermeiden lassen, daß man der Reaktionsflüssigkeit von Anfang an oder während des Prozesses solche Oxydationsmittel zusetzt, welche einerseits der Quecksilberabscheidung entgegen wirken, andererseits weder das Acetylen noch die zwischengebildeten Acetylenquecksilberverbindungen noch den Aldehyd unter den gewählten Arbeitsbedingungen in erheblichem Maße zu oxydieren vermögen. Solche Oxydationsmittel sind z. B. Ferrisalze, Manganisalze bzw. Mangansesquioxyd, Manganoxyduloxyd, Braunstein. Durch den Zusatz dieser Oxydationsmittel soll die Abscheidung des metallischen Quecksilbers entweder völlig verhindert oder sehr verlangsamt werden, indem sie das sich abscheidende äußerst fein verteilte Metall im Entstehungszustande wieder in wirksames Metallsalz zurückverwandeln. Vorteilhaft kann man z. B. so arbeiten, daß man nur zu Beginn der Reaktion eine geringe Menge Ferrisulfat zugibt, und dann weiter ein Oxydationsmittel zufügt, das das entstehende Ferrosulfat in Ferrisulfat zurückverwandelt, wozu sich z. B. Braunstein, Wasserstoffsuperoxyd oder Bleisuperoxyd eignen.

Der Patentanspruch lautet:

Verfahren zur Darstellung von Acetaldehyd aus Acetylen in Gegenwart von Quecksilberverbindungen, dadurch gekennzeichnet, daß man der Reaktionsflüssigkeit schwache Oxydationsmittel zusetzt.

Nach dem Zusatzpatent Nr. 293 070 (Kl. 12 o Gruppe 7, vom 24. April 1914) hat es sich weiter als vorteilhaft erwiesen, an Stelle der Quecksilbersalze metallisches Quecksilber zu verwenden, dem man in saurer Aufschlemmung die im Hauptpatent angeführten Oxydationsmittel zufügt. Leitet man in eine solche Acetylen ein, so beginnt die Bildung von Quecksilbersalz und von Acetaldehyd, sobald die der angewandten Säurekonzentration entsprechende Zersetzungstemperatur des Acetylenquecksilberniederschlags erreicht ist. Die Aldehydbildung bleibt im Gang solange, als eine genügende Menge des Oxydationsmittels vorhanden ist. Bei Verwendung von Eisensalzen als Oxydationsmittel kann von dem anfänglichen Zusatz von freier Säure auch abgesehen werden, da die Lösungen von selbst sofort sauer werden.

Der Patentanspruch lautet:

Weitere Ausbildung des durch Patent 292 818 geschützten Verfahrens zur Darstellung von Acetaldehyd aus Acetylen, dadurch gekennzeichnet, daß an Stelle der in dem Hauptpatent verwendeten Quecksilbersalze hier metallisches Quecksilber in Gegenwart verdünnter Säuren Verwendung findet.

Nach dem Zusatzpatent Nr. 299 466 (Kl. 12 o, Gruppe 7, vom 26. April 1914 ab) wird die Regeneration des Quecksilbersalzes nicht während der Aldehydbildung, sondern nach der Abscheidung des metallischen Quecksilbers vorgenommen, wobei als besonders großer technischer Vorteil hervorgehoben wird, daß bei der Regenerierung mit Ferrisalzen weder die ursprüngliche Reaktionsflüssigkeit von Quecksilberschlamm oder Quecksilbertropfen abgetrennt, noch das bei der Regenerierung entstandene Quecksilbersalz von der erhaltenen Lauge abfiltriert werden muß, da Eisensalze indifferent sind gegen die in Betracht kommenden organischen Verbindungen wie Acetylen Aldehyd und Spuren Essigsäure. Das Einleiten des Acetylens im Überschuß geschieht bei 60° in 10 proz. Schwefelsäure.

Der Patentanspruch lautet:

Weitere Ausbildung des Verfahrens des Patentes 292 818 dadurch gekennzeichnet, daß die Einwirkung der in dem Hauptpatent als Oxydationsmittel genannten Ferrisalze auf das gebildete Quecksilber nicht während der Aldehydbildung, sondern nach Abscheidung des metallischen Quecksilbers vorgenommen wird.

In weiterer Ausbildung der oben erwähnten Verfahren wurde gefunden, daß man zu diesem Zwecke auch starke Oxydationsmittel, wie Chromsäure bzw. chromsaure Salze, Wasserstoffsuperoxyd, Persulfat u. dgl. verwenden kann, sofern dafür Sorge getragen wird, daß der sich bildende Aldehyd der mit dem Oxydationsmittel versetzten Absorptionslösung dauernd rasch entzogen wird. Das kann in einfachster Weise dadurch geschehen, daß man bei Temperaturen, die über dem Siedepunkt des Acetaldehyds liegen, z. B. 75°, arbeitet und einen Strom von überschüssigem Acetylen durch das Absorptionsgefäß durchschickt, und das Oxydationsmittel zur Vermeidung unmittelbarer Essigsäurebildung der Absorptionslösung allmählich und nur in der Menge zugibt, daß die die Aldehydbildung beeinträchtigende Abscheidung des metallischen Quecksilbers aufgehoben wird.

Der Patentanspruch dieses Zusatzpatentes Nr. 299 467 (Kl. 12 o, Gruppe 7, vom 10. Mai 1914 ab) lautet:

Weitere Ausbildung des in dem Patent 292 818 beschriebenen Verfahrens zur Darstellung von Acetaldehyd aus Acetylen, dadurch gekennzeichnet, daß man die Absorption des Acetylens bei Gegenwart von starken Oxydationsmitteln vornimmt und den gebildeten Acetaldehyd der Absorptionslösung dauernd entzieht.

Während also nach den oben erwähnten Verfahren die Regeneration des ausgeschiedenen Quecksilbers innerhalb der Reaktionsflüssigkeit vorgenommen werden kann, sind noch andere Verfahren patentiert worden, bei denen das Quecksilber bzw. der Quecksilberschlamm aus der Reaktionsflüssigkeit entfernt und für sich regeneriert wird.

Die *Chemische Fabrik Griesheim-Elektron und Nathan Grünstein* haben unter D. R. P. Nr. 307 518 (Kl. 12 n, Gruppe 8, vom 26. August 1913) folgendes Verfahren geschützt erhalten:

Verfahren zur Regenerierung von Quecksilberverbindungen aus dem bei katalytischen Prozessen entstehenden Quecksilberschlamm, dadurch gekennzeichnet, daß dieser bis zur Verkohlung der beigemischten organischen Substanzen erhitzt wird, und daß dann das metallisch abgeschiedene Quecksilber in üblicher Weise in die geeigneten Quecksilberverbindungen übergeführt wird.

Das *Elektrizitätswerk Lonza* führt nach D. R. P. Nr. 310 994[1] das Quecksilber mit Hilfe von Stickstofftetroxyd (N_2O_4) zunächst in Nitrat über nach der Gleichung $2\,Hg + N_2O_4 + 2\,O = Hg_2(NO_3)_2$ und zersetzt dieses durch weiteres Erhitzen in Quecksilberoxyd (HgO) und Stickstoffdioxyd (NO_2).

$$Hg_2(NO_3)_2 = 2\,HgO + 2\,NO_2.$$

Das Verfahren kann auf zweierlei Weise durchgeführt werden. Das Quecksilber wird in einen mit Rückflußkühler versehenen, mit flüssigem Stickstofftetroxyd gefüllten eisernen Kessel eintropfen gelassen, wobei gleichzeitig

---

[1] Patentschrift beim Patentamt vergriffen. Die oben stehenden Ausführungen wurden der Chem.-Ztg. **44** (1920) Nr. 155, S. 982 entnommen.

Sauerstoff oder Luft eingeleitet wird; das überschüssige, freie Stickstofftetroxyd kann in einen zweiten Kessel übergeleitet werden und durch Erwärmen des ersten auch das gebundene Stickstoffdioxyd übergetrieben werden, wo nun wieder Quecksilber aufgelöst wird usf.

Das Stickstofftetroxyd wird nicht verbraucht, sondern spielt nur die Rolle eines Sauerstoffüberträgers. Die zweite Art der Ausführung besteht darin, daß man den ganzen Prozeß in einem Kessel mit sehr kleinen Mengen Stickstofftetroxyd vor sich gehen läßt. Bei richtiger Wahl der Temperatur entstehen durch bloßes Zuleiten von Quecksilber und Sauerstoff in Gegenwart von Stickoxyd oder Stickstoffdioxyd beliebige Mengen Quecksilberoxyd, ohne daß die Bildung von Quecksilbernitrat beobachtet wird.

Heinrich Danneel und das *Elektrizitätswerk Lonza* erreichen die Bildung eines reinen und flockigen Quecksilberoxydes, das als Überträger bei Acetylenreaktionen besonders vorteilhaft ist, dadurch, daß sie nach D. R. P. Nr. 311 175 (Kl. 12 n, Gruppe 8, vom 11. Januar 1918) das Quecksilber in alkalischer Lösung unter Verwendung einer Quecksilberanode der Elektrolyse unterwerfen

Die Patentansprüche lauten:

1. Verfahren zur Herstellung von lockerem Quecksilberoxyd mit möglichst geringen Metalleinschlüssen durch Elektrolyse alkalischer Lösungen mittels Quecksilberanode dadurch gekennzeichnet, daß man die Quecksilberanode dauernd mit einer ungestörten Lage von Quecksilberoxyd in der Weise bedeckt hält, daß das Oxyd ohne mechanische Nachhilfe ständig abrieselt.

2. Verfahren zur Herstellung von Quecksilberoxyd mit geringen Metalleinschlüssen nach Anspruch 1, dadurch gekennzeichnet, daß man die Beimengungen von Metall durch Schlämmen des nach Anspruch 1 hergestellten Oxydes erniedrigt.

3. Apparat zur Herstellung von lockerem Quecksilberoxyd mit geringen Metalleinschlüssen nach Anspruch 1, gekennzeichnet durch eine Unterteilung der Anodenfläche

4. Apparat nach Anspruch 3, dadurch gekennzeichnet, daß man die Quecksilberzufuhr gleichzeitig als Stromzuleitung benutzt.

Das *Consortium für elektrochemische Industrie* in München setzt der sodaalkalischen Lösung, in welcher das Quecksilber durch Elektrolyse in Quecksilberoxyd übergeführt werden soll, solche Substanzen in Mengen von $^1/_{100}$ bis $^2/_{100}\%$ zu, die den Charakter eines Schutzkolloids besitzen. Es soll auf diese Weise die Stromausbeute von etwa 80 bis 85% bis auf nahe zur theoretischen erhöht werden. Weiter soll dabei der Vorteil erreicht werden, daß ein langsam absitzendes Quecksilberoxyd erzeugt wird, das sich besonders leicht durch Sedimentieren von dem bei der elektrolytischen Darstellung stets mitgerissenen metallischen Quecksilber trennen läßt, so daß es möglich ist, ein hochprozentiges Quecksilberoxyd zu erzeugen. Als solche Substanzen kommen insbesondere Phenole, Saponin, Leim, gebrauchte Zellstofflauge, Holzabkochungen, Zuckercouleur, Stärke, Dextrin und ähnliches in Frage.

Der Patentanspruch dieses D. R. P. Nr. 315 656 (Kl. 12 n, Gruppe 8, vom 31. März 1918) lautet:

Verfahren zur elektrolytischen Darstellung von Quecksilberoxyd aus Quecksilber in sodaalkalischer Lösung, dadurch gekennzeichnet, daß man dem Elektrolyten organische Substanzen, insbesondere solche, die den Charakter eines Schutzkolloids besitzen, wie Leim, Stärke Holzabkochungen, gebrauchte Zellstofflauge, Zuckercouleur, Dextrin und ähnliches zusetzt

Herstellung von Acetaldehyd.

Die Quecksilberschlämme, die bei der Darstellung des Acetaldehyds anfallen, besitzen in der Regel einen geringen Gehalt an Quecksilbersalzen, die verhindern, daß sich das als Schlamm abgeschiedene Metall zu einem Regulus vereinigt. Um die Überführung in regulinisches Metall zu bewirken, behandelt das *Consortium für elektrochemische Industrie*-München nach D. R. P. Nr. 317 703 (Kl. 12 n, Gruppe 8, vom 12. September 1918) den Schlamm mit Lösungen solcher Stoffe, die Quecksilbersalze in komplexe oder unlösliche Form überführen, wie Lösungen der Cyanide, Rhodanide, Jodide, Sulfide oder Polysulfide oder der entsprechenden Säuren:

Der Patentanspruch lautet:

Verfahren zur Überführung von bei katalytischen Prozessen anfallenden Quecksilberschlämmen in regulinisches Metall, dadurch gekennzeichnet, daß man die Schlämme mit Lösungen solcher Stoffe behandelt, die Quecksilbersalze in komplexe oder unlösliche Form überführen, wie Cyanide, Rhodanide, Jodide, Sulfide und Polysulfide oder die entsprechenden Säuren.

Um das Anfallen von Quecksilberschlämmen in der Reaktionsflüssigkeit möglichst ganz zu vermeiden oder aber den Schlamm in regulinisches Metall überführen zu können, was auch insofern von Bedeutung ist, als sich das metallische Quecksilber aus den Reaktionsgefäßen besser ablassen läßt, als der sonst entstehende Schlamm, bringt dieselbe Firma nach dem D. R. P. Nr. 319 476 (Kl. 12 n, Gruppe 8, vom 14. Mai 1918) den Quecksilberschlamm unter sauren Flüssigkeiten mit Wasserstoff entwickelnden Metallen in Berührung. Diese Metalle, z. B. Zink, Zinn oder Eisen bewirken bei Zusatz ganz geringer Mengen in verschiedener Form (als Pulver, Feil-, Drehspäne, Schrot) unter bestimmten, leicht einzuhaltenden Bedingungen nach kurzem Rühren ein vollständiges Zusammenlaufen des Quecksilberschlammes zu metallischem Quecksilber in solchen Fällen, wo aus irgendwelchen Gründen ein Zusammenlaufen sonst nicht stattfindet.

Die Patentansprüche lauten:

1. Verfahren zur Überführung der bei katalytischen Prozessen anfallenden Quecksilberschlämme in Quecksilberregulus, dadurch gekennzeichnet, daß dem Quecksilberschlamm bei guter Rührung unter sauren Flüssigkeiten geringe Mengen Wasserstoff entwickelnder Metalle zugesetzt werden.

2. Verfahren nach Anspruch 1, dadurch gekennzeichnet, daß die Zusätze der wasserstoffentwickelnden Metalle, insbesondere Eisen oder Zink, unter Rührung in der sauren Reaktionsflüssigkeit selbst erfolgen.

Laboratoriumsversuche über die Überführung von Acetylen in Acetaldehyd und Essigsäure haben in neuester Zeit *Neumann* und *H. Schneider*[1] beschrieben. Da über die Apparatur und die wirkliche Arbeitsweise, wie sie in der Großindustrie benutzt wird, wenig bekannt ist, sind nachstehend die Apparatur und die Bedingungen beschrieben, wie sie *Neumann* und *H. Schneider* bei ihren Versuchen verwendeten. Das Acetylen wurde einer Bombe entnommen; das Abmessen des Gases und das Überführen in gleichmäßigem Strom in das Reaktionsgefäß geschah in bequemer Weise mit Hilfe eines

---

[1] Zeitschr. f. angew. Chemie **33**, 189 (1920).

besonderen Apparates[1]. Das Reaktionsgefäß bestand aus einem dicken zylindrischen, unten rund abgeschmolzenen Glasrohr von 5 cm lichter Weite und 20 cm Höhe[2]. Der paraffinierte Korkstopfen hatte in der Mitte eine größere Durchbohrung, durch welche ein gasdichter Rührer, dessen Wasserabschluß besonders weit konstruiert war, hindurchging. Durch den Stopfen ging außerdem noch das zu einer feinen Spitze ausgezogene Gaseinleitungsrohr, welches bis unmittelbar über die Flügel des Rührers reichte und ein Thermometer. Das Reaktionsgefäß stand in einem Wasserbade, welches die Reaktionsflüssigkeit auf bestimmte Temperaturen zu halten gestattete. Zwischen Gasmeßvorrichtung und dem Reaktionsgefäß war noch ein kleines Präparatengläschen mit doppelt durchbohrtem Stopfen als Waschflasche und Blasenzähler eingeschaltet, dessen Gaseintrittsrohr oben einen T-förmigen Ansatz hatte, um nach Belieben Acetylen oder Sauerstoff zuleiten zu können.

In dieser Apparatur wurden nun verschiedene Versuche zur Gewinnung von Acetaldehyd angestellt; dabei wurde einmal in schwefelsaurer, bei anderen Versuchsreihen in essigsaurer Lösung gearbeitet. Bei den Versuchen in schwefelsaurer Lösung wurden in einer Schwefelsäure mit 524 g H_2SO_4 im Liter 2 g Quecksilberoxyd gelöst und die erkaltete Lösung in das Reaktionsgefäß eingeführt. In stärkerer Schwefelsäure traten die Kondensationserscheinungen stärker hervor, schwächere Schwefelsäure absorbierte schlechter. Beim Einleiten des Acetylens bildete sich zunächst an der Oberfläche ein weißer Schleim, dann trat eine starke Trübung und schließlich ein Niederschlag von Quecksilberaldehyd auf, der sich später durch Ausscheidung von metallischem Quecksilber grau färbte. Mit dem Erscheinen des Niederschlags setzte meist eine stärkere Absorption des Acetylens ein. Bei diesen Versuchen wurde nun öfter die auffällige Erscheinung beobachtet, daß ohne Änderung irgendeiner Bedingung sich ganz plötzlich ohne erkennbare Ursache die Absorptionsgeschwindigkeit änderte, und zwar in verstärktem, aber auch in geschwächtem Maße.

Verlief die Reaktion regelmäßig, so ergaben sich folgende Absorptionszahlen:

Reaktions-Temperatur	ccm C_2H_2 auf 0° und 760 mm umgerechnet			
	1. halbe Stunde	2. halbe Stunde	3. halbe Stunde	zusammen
25°	836	777	512	2125
30°	968	876	550	2394
40°	454	264	72	790
50°	207	163	90	460

Die Zahlen zeigen, daß die Acetylenaufnahme mit der Zeit und mit erhöhter Temperatur geringer wird. Bei unregelmäßiger Reaktion wurden folgende Zahlen erhalten:

---

[1] Zeitschr. f. angew. Chemie **33**, 128 (1920).
[2] Abbildung in Zeitschr. f. angew. Chemie a. a. O.

| Reaktions- | ccm C_2H_2 auf 0° und 760 mm umgerechnet | | | |
temperatur	1. halbe Stunde	2. halbe Stunde	3. halbe Stunde	zusammen
20°	720	180	3000	3900
25°	894	1805	333	3032
35°	5120	—	—	5120
50°	265	1293	796	2354

Trotzdem bei diesen „wilden" Reaktionen die aufgenommene Acetylenmenge bedeutend größer war, war die Ausbeute an Acetaldehyd bedeutend geringer geworden, wie ein Vergleich der beiden nachstehenden Zahlenreihen ergibt:

Regelmäßige Absorption:

| Temperatur | Aufgenommene Acetylenmenge ccm | Acetaldehyd | | Ausbeute % |
		ber. g	gef. g	
25°	2125	4,175	3,135	75,1
30°	2394	4,745	3,395	71,5
40°	790	1,544	1,012	65,5
50°	460	0,902	0,456	50,6

Unregelmäßige Absorption:

| Temperatur | Aufgenommene Acetylenmenge ccm | Acetaldehyd | | Ausbeute % |
		ber. g	gef. g	
20°	3900	7,65	4,15	54,0
25°	3032	5,95	3,57	60,0
35°	5120	10,06	3,86	36,6
50°	2354	4,59	2,07	45,0

Die Ausbeutezahlen bei regelmäßiger Absorption zeigen, daß die beste Umsetzung zwischen 25 und 30° erreicht wird. Bei höherer Temperatur gehen die Ausbeuten an Acetaldehyd herunter. Bei den unregelmäßigen Absorptionen sind die Ausbeuten an Acetaldehyd immer wesentlich schlechter. Bei jeder Temperatur wird also in der Zeiteinheit nur eine bestimmte Menge Acetylen in Acetaldehyd übergeführt. Eine größere Acetylenaufnahme ist also immer ein Zeichen dafür, daß in zunehmender Menge Produkte entstehen, die sich nicht in Essigsäure[1] überführen lassen. Bei höheren Temperaturen

---

[1] Für die Bestimmung des Acetaldehyds eigneten sich, wie *Neumann* und *H. Schneider* festgestellt haben, die in der Literatur angegebenen Methoden von *Roques, Rieter, Paul, Bourcart, Brochet* und *Cambier, Baum, Romijn* nicht (vgl. dagegen über den Wert der Methode von *Brochet* und *Cambier* bzw. *Baum, R. Sieber:* Chem.-Ztg. 45 [1921,] 349). Sie verfuhren deshalb so, daß sie den Aldehyd mit Chromschwefelsäure zu Essigsäure oxydierten und diese mit Wasserdampf innerhalb einiger Stunden abdestillierten; im Destillat wurde die gebildete Säure mit Natronlauge titriert. Zur Oxydation durfte nur eine der Formel $K_2Cr_2O_7 + 4 H_2SO_4$ entsprechende Schwefelsäuremenge verwendet werden; es mußte ferner durch die Verwendung eines besonders konstruierten Tropfenfängers dafür gesorgt werden, daß bei der Destillation keine Schwefelsäure mit in das Destillat übergerissen wurde. Diese Methode ergab richtige Werte, z. B. wurden bei reinem Aldehyd 100,05 bis 100,2% wiedergefunden.

als 30° traten Verharzungen ein, was rein äußerlich schon an der schwachen Bräunung der Lösung zu erkennen war. Die Lösungen der unregelmäßigen Absorptionen wiesen stets einen mehr oder weniger starken esterartigen Geruch auf; für diese Erscheinungen dürfte nach *Neumann* und *Schneider* wohl die verwendete Schwefelsäure mit verantwortlich sein.

Wurden die Versuche in essigsaurer Lösung durchgeführt, so wurde der Absorptionsgang bedeutend gleichmäßiger und die Ausbeuten wesentlich besser, wie aus den nachstehenden Zahlen hervorgeht. Als Reaktionsflüssigkeit dienten 100 ccm 96 proz. Essigsäure, in der 3 g Mercurisulfat gelöst waren; Quecksilberacetat erwies sich als wenig geeignet.

Reaktionstemperatur	ccm C_2H_2 auf 0° und 760 mm umgerechnet			
	1. halbe Stunde	2. halbe Stunde	3. halbe Stunde	Zusammen
20°	269	195	144	608
30°	650	464	445	1559
40°	937	587	455	1979
50°	1067	1110	—	2177
60°	257	867	1093	2217

Reaktionstemperatur	Aufgenommene Acetylenmenge ccm	Aldehyd		Ausbeute %
		ber. g	gef. g	
20°	608	1,414	0,900	63,7
30°	1559	3,063	2,597	89,8
40°	1979	3,885	3,272	84,3
50°	2177	4,255	2,863	67,3
60°	2217	4,355	2,130	47,5

Die besten Aldehydausbeuten in essigsaurer Lösung wurden bei 30° erhalten, wobei fast 90% des eingeleiteten Acetylens in Acetaldehyd umgewandelt wurden. Bei 50 und 60° traten wieder Umwandlungen in der Lösung ein, welche die Ausbeuten an Aldehyd verringerten.

Nach Patentanmeldung W 53 920 vom 24. November 1919[1] tritt bei Gegenwart von Wasserdampf und Anwendung vanadinsaurer Metallsalze bei Temperaturen von etwa 360 bis 400 Grad C eine allmählich verlaufende Umsetzung des Acetylens ein, und zwar nebeneinander Oxydation und Hydration. Als unmittelbare Oxydationsprodukte entstehen mit vanadinsaurem Silber einige Prozente Formaldehyd neben 9% der Theorie an Essigsäure und 44% an Kohlensäure. Vanadinsaures Kupfer führt einen erheblichen Teil des Acetaldehyds in Essigsäure über; es wurden so 21% Essigsäure auf eingeleitetes Acetylen erhalten neben Spuren von Formaldehyd.

Die Oxydationsvorgänge treten aber fast vollständig zurück bei Anwendung eines basischen Zinkvanadats, das auf Bimsstein als Träger verteilt ist. Dabei können bei 380 Grad C 75 bis 80% des eingeleiteten Acetylens in

---

[1] *Wohl*-Danzig. Chem. Ztg. **46** (1922) Nr. 115, S. 864.

Aldehyd übergeführt werden; daneben entstehen etwa 5% Essigsäure und 2% Kohlensäure. Bei Versuchen in größerem Maßstabe ließ sich eine konstante Umsetzung des eingeleiteten Acetylens zu 65% in Aldehyd bei einer Materialausbeute von 97 bis 98% errechnen. Um den gebildeten Aldehyd vor weiteren Umsetzungen zu schützen, mußte mit sehr großem Überschuß an Wasserdampf gearbeitet werden.

Nach dem D. R. P. Nr. 362 983 (Kl. 12o vom 21. Oktober 1920) von *Gustav Weinmann*-Zürich[1] soll bei der Herstellung von Acetaldehyd aus Acetylen so gearbeitet werden, daß man Acetylen durch wässerige Lösungen von Quecksilbersalzen und mindestens einem Neutralsalz starker anorganischer oder organischer Säuren mit schwachen anorganischen oder organischen Basen, wie Eisenchlorid oder Aluminiumchlorid, Chlormagnesium, Chlorzink, Chinolinsulfat, bei Temperaturen unter 100° leitet. Durch die Abwesenheit freier Säuren im Reaktionsgemisch soll eine Verharzung des entstehenden Aldehyds vermieden werden, so daß die Flüssigkeit sehr lange wirksam bleibt. Die Ausbeuten sollen 93—99% der Theorie, berechnet auf das verbrauchte Acetylen, betragen.

Herstellung von Essigsäure.

Acetaldehyd läßt sich bekanntlich durch Oxydation in Essigsäure überführen gemäß folgender Gleichung:

$$2 CH_3CHO + O_2 = 2 CH_3COOH$$

Nach dem Verfahren der *Chemischen Fabrik Griesheim-Elektron* und *N. Grünstein* (D. R. P. Nr. 261 589, Kl. 12 o, Gr. 12, vom 25. März 1911) läßt sich die Oxydation des Acetaldehyds äußerst schnell und bequem mit Hilfe von Sauerstoff oder Luft durchführen, wenn man von Anfang an bei der Oxydation des Aldehyds diesem Eisessig, seine Chlorderivate, Essigsäureanhydrid, ihre Homologen oder ein Gemisch derselben zusetzt. Der Prozeß wird vorteilhaft unter lebhaftem Umrühren bei Temperaturen zwischen 70 und 100° ausgeführt. Die in geringer Menge gebildete Kohlensäure wird von Zeit zu Zeit fortgelassen. Die Reaktion wird durch Katalysatoren, besonders Vanadinpentoxyd, Uranoxyd, geglühtes Eisenoxyduloxyd sehr beschleunigt, so daß sie dann schneller und bei niedrigerer Temperatur, nämlich 30 bis 80°, vor sich geht.

Die Patentansprüche lauten:

1. Verfahren zur Darstellung von Essigsäure aus Aldehyden mittels Sauerstoff, sauerstoffreicher oder atmosphärischer Luft, dadurch gekennzeichnet, daß man bei der Oxydation des Aldehyds von Anfang an Essigsäure, ihre Chlorderivate, Essigsäureanhydrid, ihre Homologen oder Gemische derselben dem Aldehyd zusetzt.

2. Das Verfahren nach Anspruch 1, dadurch weiter ausgebildet, daß man die Oxydation unter Zusatz von Katalysatoren durchführt.

Nach dem D. R. P. Nr. 305 550 des *Consortiums für elektrochemische Industrie G. m. b. H.* in München vom 18. Januar 1914 (Kl. 12 o, Gruppe 12,

---

[1] Chem. Zentralbl. 1923, II, 524.

Priorität vom 25. Juli 1913)[1] findet die Oxydation des Acetaldehyds in 2 Phasen statt, indem sich zunächst nach der Gleichung

$$2\ CH_3CHO + 2\ O_2 = 2\ CH_3CO_3H.$$

Acetpersäure bildet, die sich in erheblicher Menge in der Reaktionsflüssigkeit vorfindet[2], und zwar dann, wenn man als Katalysatoren Chromoxyd, Kobaltacetat, Eisenoxyd oder Braunstein anwendet. Die Acetpersäure reagiert nach einiger Zeit unter starker Wärmetönung nach der Gleichung:

$$CH_3CO_3H + CH_3CHO = 2\ CH_3CO_2H.$$

Diese Reaktion ist so stürmisch, daß Explosionen schwer zu vermeiden sind. Nach dem Patent soll sich indessen eine glatte und gefahrlose Überführung von Acetaldehyd in Essigsäure mit Hilfe von Sauerstoff dadurch ermöglichen lassen, daß man Sauerstoff auf Acetaldehyd einwirken läßt, der eine Manganverbindung in echter oder kolloidaler Lösung enthält.

Als Manganverbindungen kommen z. B. folgende in Betracht: Manganacetat, Manganformiat, Manganbutyrat, Manganbenzoat, Manganlaktat. Diese Mangansalze läßt man auf den Aldehyd unter Rühren bei Gegenwart von Sauerstoff einwirken, wobei eine braune Lösung einer aktiven Manganverbindung in Acetaldehyd sich bildet. Diese Lösung nimmt dann Sauerstoff auf unter glatter Bildung von Essigsäure. Eine andere Art der Herstellung der aktiven Manganlösung besteht darin, daß man Permanganate oder Manganate, z. B. Kalium- oder Calciumpermanganat auf den Aldehyd einwirken läßt. Die Menge der zur Herstellung der aktiven Manganlösung notwendigen Manganverbindung braucht nur etwa $^1/_{10}\%$ vom Gewicht des Acetaldehyds zu betragen. Die Überführung des Acetaldehyds in Essigsäure ist nach 10 bis 20 Stunden beendet und man erhält eine hochprozentige Essigsäure, die man durch Destillation von den geringen Resten unveränderten Acetaldehyds und der gelösten Manganverbindung befreit. An Stelle des Sauerstoffs kann man auch sauerstoffhaltige Gase, z. B. Luft, verwenden, doch muß man dann dafür sorgen, daß man den durch den nicht absorbierbaren Gasrest mitgeführten Aldehyd zurückgewinnt. Die Reaktion kann noch beschleunigt werden, wenn man den Sauerstoff oder die sauerstoffhaltigen Gase unter höherem Druck einwirken läßt.

Der Patentanspruch lautet:

Verfahren zur Erzeugung von Essigsäure aus Acetaldehyd und Sauerstoff oder sauerstoffhaltigen Gasen, dadurch gekennzeichnet, daß man als Katalysator eine Manganverbindung verwendet, welche mit Acetaldehyd eine echte oder kolloidale Lösung bildet, wie sie beispielsweise durch Einwirkung von Acetaldehyd auf Mangansalze bei Gegenwart von Sauerstoff oder von Acetaldehyd auf Salze der Übermangansäure erhalten werden kann.

Nach dem Verfahren der *Badischen Anilin- und Soda-Fabrik* in Ludwigshafen (D. R. P. Nr. 294 724, Kl. 12 o, Gruppe 12, vom 11. Februar 1914 und

---

[1] Vgl. auch das Schweizer Patent Nr. 66 322 Kl. 360 vom 17. Juli 1913.

[2] Nach den D. R. P. Nr. 269 937, 272 738 der gleichen Firma läßt sich die Acetpersäure darstellen, wenn man reinen Acetaldehyd bei Abwesenheit schädlicher Verunreinigungen in der Kälte mit Sauerstoff behandelt. Diese Reaktion kann durch Katalysatoren, besonders Kobaltverbindungen und durch Bestrahlung beschleunigt werden.

dem Zusatzpatent D. R. P. Nr. 296 282, Kl. 12 o, Gruppe 12, vom 17. Februar 1914) läßt man die Oxydation bei gleichzeitiger Gegenwart von Eisenverbindungen und organischen Salzen von Alkalien und Erdalkalien einschließlich des Magnesiums und Aluminiums (z. B. Natriumacetat, Natriumformiat, Salze der Chloressigsäure, Phthalsäure, Benzoesäure usw.) vor sich gehen, ohne daß eine Anhäufung von Acetpersäure eintritt. An Stelle der Eisenverbindung kann man auch andere Katalysatoren verwenden, welche für sich die Sauerstoffaufnahme befördern, die Zersetzung der Acetpersäure dagegen nicht oder in ungenügendem Maße bewirken, wie Nickel, Chrom, Vanadin oder deren Verbindungen, ferner poröse Körper, wie Kohle u. dgl.

Der Patentanspruch des Hauptpatentes lautet:

Verfahren zur Darstellung von Essigsäure aus Acetaldehyd durch Oxydation mit Sauerstoff oder Luft, dadurch gekennzeichnet, daß man die Oxydation in gleichzeitiger Gegenwart von Eisenverbindungen und organischen Salzen von Alkalien oder Erdalkalien einschließlich des Magnesiums oder Aluminiums ausführt.

Der Anspruch des Zusatzpatentes hat folgenden Wortlaut:

Abänderung des durch Patent Nr. 294 724 geschützten Verfahrens zur Darstellung von Essigsäure aus Acetaldehyd, dadurch gekennzeichnet, daß man neben den organischen Salzen an Stelle der Eisenverbindungen andere Katalysatoren, welche für sich hauptsächlich nur die Sauerstoffaufnahme befördern, die Zersetzung der Acetpersäure dagegen nicht oder nur in ungenügendem Maße bewirken, anwendet.

Während man bei den bisher besprochenen Verfahren den Acetaldehyd für sich gewann und in einem besonderen Arbeitsgang erst zu Essigsäure oxydierte, soll es nach den folgenden Verfahren möglich sein, Acetylen unmittelbar in Essigsäure überzuführen.

Nach D. R. P. Nr. 293 011 (Kl. 12 o. vom 28. März 1913) der *Farbenfabriken vorm. Friedrich Bayer & Co.* gelingt es, Acetylen in größeren Mengen und mit nahezu völliger Strom- und Materialausnutzung in Essigsäure überzuführen, wenn man das Acetylen in schwefelsaurer Lösung mit oder ohne Diaphragma der anodischen Oxydation unterwirft.

Der Patentanspruch lautet:

Verfahren zur Darstellung von Essigsäure aus Acetylen durch Elektrolyse, dadurch gekennzeichnet, daß man Acetylen unter Verwendung eines quecksilberhaltigen sauren Elektrolyten der anodischen Oxydation unterwirft.

Nach D. R. P. Nr. 297 442 (Kl. 12 o, vom 22. Februar 1913) der gleichen Firma soll man Essigsäure aus Acetylen dadurch gewinnen können, daß man Acetylen in Lösungen von Wasserstoffsuperoxyd, Überschwefelsäure oder Sulfomonopersäure einleitet. Man kann so das Acetylen in einer Operation mit quantitativer Ausbeute in Essigsäure überführen. Zum Beispiel verfährt man so, daß man in ein Gemisch von etwa 250 Teilen Schwefelsäure von 20 bis 30%, 100 Teilen Ammoniumpersulfat von 95% und 5 bis 10 Teilen Quecksilberoxyd 10,8 Teile Acetylen unter Rühren einleitet. Die Temperatur der Reaktionsmischung wird durch Kühlen gemäßigt und auf 30 bis 40° gehalten. Nach Beendigung des Einleitens lassen sich 24 bis 25 Teile Essigsäure von großer Reinheit aus der Reaktionsflüssigkeit gewinnen.

Bei diesem Verfahren bildet offenbar das Wasserstoffsuperoxyd oder das Persulfat das Oxydationsmittel für den entstehenden Acetaldehyd. Es würde daher nur soviel Essigsäure gebildet werden können, als sich vorher Acetaldehyd gebildet hat.

Der Patentanspruch lautet:

Verfahren zur Darstellung von Essigsäure aus Acetylen, dadurch gekennzeichnet, daß man Acetylen mit Lösungen von Wasserstoffsuperoxyd, Überschwefelsäure oder Sulfomonopersäure oder Lösungen und Suspensionen der Salze dieser Säuren in Gegenwart von Quecksilber oder Quecksilberverbindungen behandelt.

Nach dem D. R. P. Nr. 305 182 Kl. 12o (vom 5. März 1916) der gleichen Firma soll man Acetaldehyd neben Essigsäure aus Acetylen erhalten, wenn man in eine Flüssigkeit, die auf 1 Äquivalent Quecksilbersulfat mindestens 1 Äquivalent Schwefelsäure enthält, dauernd oder abwechselnd mit Acetylen Sauerstoff oder Luft einleitet[1].

Nach einem Verfahren der *Chemischen Fabrik Griesheim-Elektron* und *Nathan Grünsteins* (D. R. P. Nr. 305 997, Kl. 12 o, Gruppe 12, vom 19. Mai 1914) soll man die unmittelbare Überführung von Acetylen in Essigsäure dadurch erreichen, daß man Acetylen und Sauerstoff in Essigsäure oder einer anderen geeigneten organischen Säure in Gegenwart von Quecksilberverbindungen mit oder ohne Zusatz von geeigneten Kontaktsubstanzen, wie Eisenoxyde, Vanadinpentoxyd usw. und der zur Reaktion erforderlichen Wassermenge zur Reaktion bringt. An Stelle der genannten Kontaktsubstanzen oder neben ihnen können vorteilhaft auch noch andere Beschleunigungsmittel, z. B. Phosphorsäure, Schwefelsäure, Bisulfat o. dgl. zugesetzt werden. Die Essigsäure kann in verschiedenen Konzentrationen verwendet werden. Als Ersatzmittel kommen solche organischen Säuren in Betracht, welche sich von der gebildeten Essigsäure durch Fraktionierung leicht trennen lassen, wie Chloressigsäure, Milchsäure usw.

Das Verfahren soll so durchgeführt werden, daß man abwechselnd die für die Bildung von Essigsäure notwendige Menge Acetylen und Sauerstoff in möglichst hochkonzentrierte Essigsäure einleitet, welche mit Quecksilberverbindungen versetzt ist und mindestens die theoretisch erforderliche Menge Wasser enthält. Zweckmäßig leitet man aber geringe Mengen von Acetylen ein, damit der Acetaldehydgehalt der Essigsäure nicht unnötig hoch wird, worauf man sofort den gebildeten Aldehyd mit der erforderlichen Menge Sauerstoff oxydiert.

Mit weniger gutem Erfolg kann man auch Acetylen und Sauerstoff gleichzeitig einleiten. Nachdem sich genügend Essigsäure gebildet hat, trennt man die Lösung von den ausgeschiedenen Quecksilberverbindungen. Man erhält hierbei unmittelbar eine hochprozentige, dem überschüssigen Wasser entsprechende Essigsäure, welche durch Abdestillieren oder auf einem anderen Wege noch weiter gereinigt werden kann. Ein besonderer Vorteil des Verfahrens soll noch darin liegen, daß der Verbrauch an Quecksilbersalzen außerordentlich gering ist. Durchgeführt wird der Prozeß bei einer Temperatur von etwa 80° C.

---

[1] Chem.-Ztg. 45 (1921); Chem.-techn. Übersicht S. 135.

Die Patentansprüche lauten:

1. Verfahren zur Darstellung von Essigsäure aus Acetylen, dadurch gekennzeichnet, daß man Acetylen, Wasser und Sauerstoff in Essigsäure in Gegenwart von Quecksilberverbindungen mit oder ohne Zusatz von anderen geeigneten Beschleunigungsmitteln, z. B. Phosphorsäure, Schwefelsäure, Bisulfat o. dgl. aufeinander zur Einwirkung bringt.

2. Ausführungsform des Verfahrens nach Patentanspruch 1, dadurch gekennzeichnet, daß man die Essigsäure in konzentrierter Form, gegebenenfalls als Eisessig anwendet mit der Maßgabe, daß für Anwesenheit der theoretisch erforderlichen Wassermenge gesorgt und das in die Reaktion eintretende Wasser entsprechend dem Verbrauch ersetzt wird.

3. Verfahren nach Patentansprüchen 1 und 2, dadurch gekennzeichnet, daß man durch Einleiten von Acetylen in Lösungsgemische der vorbezeichneten Art, vorzugsweise solche von geringem Wassergehalt, Acetaldehyd darstellt und diesen in der gleichen Lösung durch darauffolgendes Einleiten von Sauerstoff zu Essigsäure oxydiert.

4. Abänderung des Verfahrens nach Patentansprüchen 1 bis 3, dadurch gekennzeichnet, daß an Stelle von Essigsäure als Ausgangsflüssigkeit andere geeignete organische Säuren, wie z. B. Chloressigsäure, Milchsäure usw. verwendet werden.

5. Ausführungsform des Verfahrens nach Patentansprüchen 1 bis 4, dadurch gekennzeichnet, daß man den Quecksilberverbindungen andere geeignete Kontaktsubstanzen, wie z. B. Eisenoxyde, Vanadinpentoxyd usw. hinzufügt.

Neumann und *Schneider*[1] haben außer den bereits erwähnten Versuchen zur Darstellung von Acetaldehyd auch solche über die unmittelbare Gewinnung von Essigsäure aus Acetylen angestellt. Sie verwendeten eine 96 proz. Essigsäure, die in 100 ccm 3 g Quecksilberoxyd gelöst enthielt. In dieser Lösung wurde der Gehalt an Essigsäure titrimetrisch bestimmt. 75 ccm dieser Lösung wurden in das oben beschriebene Reaktionsgefäß gebracht, bei 40° 1½ Stunde lang unter kräftigem Umrühren Acetylen eingeleitet und dann ebensolange Sauerstoff. Nach dem Versuche wurden 25 ccm der Lösung herausgenommen, auf 250 ccm aufgefüllt und davon ein entsprechender Teil mit Natronlauge titriert.

Kürzerer Wechsel von Acetylen und Sauerstoff gaben keine besseren Ergebnisse; in 40 proz. Schwefelsäure war eine unmittelbare Oxydation zu Essigsäure nicht zu erreichen.

Die nachstehende Aufstellung gibt die Ergebnisse einer Anzahl der Versuche der unmittelbaren Acetylenoxydation in essigsaurer Lösung wieder, wobei verschiedene Kontaktsubstanzen, wie sie in den verschiedenen Patenten vorgeschlagen wurden, zugesetzt waren.

Diese Übersicht zeigt, daß die Ausbeute an Essigsäure wesentlich von der Natur des zugesetzten Sauerstoffüberträgers abhängig ist. Ohne irgendeinen Zusatz können nur etwa 20% des Acetylens in Essigsäure übergeführt werden, auch Eisensalze sind nach diesen Versuchen wenig wirksam; dagegen erwies sich das von *Grünstein* u. a. mit vorgeschlagene Vanadiumpentoxyd als ein sehr wirksamer Katalysator, mit dem rund 83% des Acetylens in Essigsäure übergeführt werden konnten. Auch Holzkohle, Bleisuperoxyd, Chromsäure und Kupfersulfat wirkten sehr günstig, da mit ihnen 68 bis 72% des Acetylens in Essigsäure übergeführt werden konnten. Die günstige Wirkung der

---

[1] a. a. O. S. 191; s. S. 81.

Kontaktsubstanz	Temperatur °C	Zeit: Min.	Acetylenmenge normal ccm	Essigsäureüberschuß ber. g	Essigsäureüberschuß gef. g	Ausbeute %
Keine	40	90	721	1,940	0,385	19,8
Keine	40	90	1634	4,375	0,945	21,6
Ferroacetat u. Natriumacetat .	40	90	309	0,828	0,144	17,3
Eisenchlorid (FeCl$_3$)	40	80	502	1,344	0,240	17,9
Holzkohle	40	90	1260	3,111	2,245	72,2
Vanadiumpentoxyd (V$_2$O$_5$) . .	40	165	3712	9,950	8,170	82,8
V$_2$O$_5$ und Holzkohle	40	90	1072	2,870	2,245	78,2
Uranoxydul (UO$_2$)	40	60	832	2,227	1,042	46,8
Cerdioxyd (CeO$_2$)	40	60	858	2,298	1,168	50,9
Bleisuperoxyd (PbO$_2$)	40	90	1950	5,225	3,765	72,1
Mangansuperoxyd (MnO$_2$) . .	40	60	296	0,792	0,240	30,3
Chromsäure (CrO$_3$)	40	60	2720	7,260	4,950	68,2
Kupfersulfat (CuSO$_4$)	40	60	1858	4,976	3,356	67,5

Holzkohle wird darauf beruhen, daß dieselbe stark Sauerstoff aufnimmt, der auf den im Entstehen begriffenen Acetaldehyd dann kräftig einwirkt.

Herstellung von Alkohol,
Äther, Essigsäureäthylester und anderen Verbindungen aus Acetaldehyd.

Die Gewinnung des Alkohols erfolgt nach der bekannten, von *Sabatier* und *Senderens* stammenden Methode[1] durch Reduktion des Acetaldehyds mit Wasserstoff bei Gegenwart eines Katalysators gemäß folgender Gleichung:

$$CH_3CHO + H_2 = CH_3CH_2OH$$

Die Reduktion ist vollständig, d. h. der gebildete Alkohol ist nahezu aldehydfrei, wenn nach dem Verfahren des *Elektrizitätswerks Lonza*[2] (Schweiz. Pat. Nr. 74 129) ein mehr als vierfacher Überschuß von Wasserstoff angewendet wird, der nach dem Ausfrieren des gebildeten Alkohols wieder in den Prozeß zurückkehrt. Der Überschuß wird nach dem Schweizer Patent Nr. 77 471 derselben Firma so groß gemacht, daß durch den strömenden Wasserstoff die gesamte Reaktionswärme der mit Wärmeabgabe verlaufenden Reaktion abgeführt wird[3]. Nach der Deutschen Patentanmeldung M 66 358[4] kommt man mit einem 30- bis 40fachen Wasserstoffüberschuß aus, der jedoch auch kleiner sein kann, wenn andere Möglichkeiten für Wärmeabfuhr bestehen. Die Anwesenheit größerer Mengen Sauerstoff bei der Reduktion muß vermieden werden, da die dadurch bedingte Entstehung von Essigsäure nach dem Schweizer Patent Nr. 78 109 nachteilig für den Katalysator, als welcher meist Nickel benutzt wird, ist.

Nach D. R. P. Nr. 317 589 haben sich auch Platin, Eisen und andere Eisen- und Platinmetalle als Kontaktkörper bewährt. Die Metalle müssen,

---

[1] Annales de Chimie et de Physique (8) 4. 396.
[2] Deutsches Patent 348 146.
[3] Vgl. *Meingast:* Chem.-Ztg. 44 (1920) Nr. 155, 982.
[4] Siehe weiter unten.

wie bei katalytischen Prozessen meist üblich, in möglichst fein verteilter Form zugegen sein. Man erreicht dies dadurch, daß man sie in Form ihrer Salze oder Oxyde auf Kontaktträger, wie Bimsstein, Chamotte, Infusorienerde, Ton o. dgl. niederschlägt und vor dem Gebrauch reduziert.

Während, wie schon oben erwähnt, größere Mengen Sauerstoff wegen eintretender Essigsäurebildung bei der Reduktion des Aldehyds vermieden werden müssen, ist andererseits[1] Sauerstoff in sehr geringen Mengen vorteilhaft, wenn man einen Alkohol erhalten will, der nur wenig Aldehyd und Äther enthält. Ohne Sauerstoff wird der Katalyt schnell unwirksam und die Umsetzung zu Alkohol geht zurück, die Ätherbildung steigt. Aus dem nun mit viel Aldehyddampf beladenen Alkoholdampf läßt sich technisch aldehydfreier Alkohol nicht mit einfachen Mitteln kondensieren.

Man hat es aber in der Hand, den Alkohol reich an Äther zu gewinnen, wenn man den Sauerstoff vollständig fern hält (D. R. P. Nr. 317 589, Kl. 12 o, Gruppe 5, vom 29. Oktober 1918) und andere Maßnahmen trifft, das Unwirksamwerden des Katalyten zu verhindern. Man kann so Alkoholäthermischungen bis zu 15% Äther herstellen. Die Arbeitsweise ist im übrigen dieselbe, wie bei der Herstellung von ätherarmem Alkohol; Temperaturen zwischen 90 und 170°, Wasserstoffüberschuß und Rückführung desselben usw. Die Trennung des Äthers von Alkohol geschieht wie üblich durch fraktionierte Destillation.

Die hierher gehörenden Patente des *Elektrizitätswerks Lonza* haben folgende Patentansprüche:

D. R. P. Nr. 348 146: Verfahren zur Herstellung von Äthylalkohol aus Acetaldehyd durch Reduktion mittels Wasserstoffs in Gegenwart eines Katalysators und bei hoher Temperatur, dadurch gekennzeichnet, daß der gegebenenfalls im Kreislauf geführte Wasserstoff in einem so großen Überschuß verwendet wird, daß bei der Kondensation aus den Reaktionsgasen der gebildete Alkohol sich praktisch aldehydfrei abscheidet.

D. R. P. Anmeld. M 66 358: Weitere Ausbildung des durch die Hauptanmeldung E 22 860 (D. R. P. Nr. 348 146) geschützten Verfahrens zur Herstellung von Äthylalkohol aus Acetaldehyd durch Reduktion mittels Wasserstoffs bei Gegenwart eines Katalysators, gekennzeichnet durch die Verwendung des Wasserstoffs in so großem Überschuß, daß zwecks Aufrechterhaltung möglichst gleichbleibender Temperatur im Katalyten, die Reaktionswärme ständig durch den Gasstrom abgeführt wird.

D. R. P. Nr. 317 589: Verfahren zur Herstellung von Äthyläther, dadurch gekennzeichnet, daß man Acetaldehyddampf und Wasserstoff unter Ausschluß von Sauerstoff über Kontaktkörper leitet.

D. R. P. Nr. 372 241: 1. Verfahren zur Herstellung von praktisch ätherfreiem Äthylalkohol aus sauerstofffreien Gemischen von Acetaldehyddampf und Wasserstoff in der Wärme, dadurch gekennzeichnet, daß man den Reaktionsgasen vor dem Überleiten über Kontaktkörper Sauerstoff hinzufügt. 2. Ausführungsform des Verfahrens nach Anspruch 1, dadurch gekennzeichnet, daß man den Wasserstoff im Überschuß und zwar in so großem Überschuß verwendet, daß er die Reaktionswärme so weit abführt, daß die Arbeitstemperatur auf der gleichen und einer für die Durchführung der Reaktion günstigen Höhe bleibt.

Nach dem deutschen Patent Nr. 350 048, Kl. 12o vom 10. Februar 1920[2] der *Badischen Anilin- und Soda-Fabrik* wird Äthylalkohol durch Überleiten

---

[1] Patente Deutschland Nr. 327 241, Schweiz Nr. 85 092 u. a.
[2] Engl. Patent Nr. 198 506 vom 9. Februar 1921; D. R. P. Nr. 362 537 Kl. 12 o vom 11. Februar 1921.

von Acetaldehyddämpfen[1] und Wasserstoff über fein verteiltes Kupfer dargestellt, das durch Reduktion gefällter Kupferverbindungen vorzugsweise bei niedrigen Temperaturen dargestellt wird. Der Kupferkatalysator wird z. B. durch Fällung einer heißen Kupfersalzlösung mit kaustischem Alkali, Mischen des Niederschlags mit Bimsstein und Reduktion des Cuprihydrates mit Wasserstoff bei 200° dargestellt.

Ein Verfahren aliphatische Aldehyde in die entsprechenden Fettsäureester überzuführen, besteht darin, auf Acetaldehyd Aluminiumalkoholat einwirken zu lassen. Diese Reaktion ist von *Tischtschenko*[2] näher untersucht worden. Er kam dabei zu dem Ergebnis, daß Essigester nur bis zu einer Höchstausbeute von rund 69% Ester, die durch Anwendung von 15% Aluminiumäthylat erreicht wird, erhalten werden kann. Dies ist aber auch nur dann der Fall, wenn die Einwirkung des Alkoholats in Stücken und tagelang stattfindet. Bei Verminderung des Alkoholatzusatzes geht die Ausbeute an Essigester so weit zurück, daß die Bildung anderer Nebenprodukte überwiegt.

Die Reaktion beruht anscheinend darauf, daß sich zwischenzeitlich das Aluminiumalkoholat an den Acetaldehyd anlagert und nun mit einem zweiten Molekül Acetaldehyd unter Abspaltung von Aluminiumalkoholat und Bildung von Essigester gemäß nachstehenden Gleichungen reagiert:

$$CH_3C{\overset{O}{\underset{H}{\diagdown}}} + MeOCH_2CH_3 \rightarrow$$

$$CH_3C{\overset{OMe}{\underset{OCH_2 \cdot CH_3}{\diagdown}}}{-}H + CH_3C{\overset{O}{\underset{H}{\diagdown}}} \rightarrow$$

$$CH_3COOCH_2 \cdot CH_3 + CH_3CH_2OMe$$

Nach dem durch D. R. P. Nr. 277 111 (Kl. 12 o, Gruppe 12, vom 28. November 1912) geschützten Verfahren des *Consortiums für elektrochemische Industrie* lassen sich indessen die Anwendung unverhältnismäßig großer Alkoholatmengen, lange Arbeitsdauer, unvollkommene Esterbildung und erhebliche Bildung von Nebenprodukten vollständig vermeiden und sogar mit geringen Alkoholatmengen (etwa 5%) in kurzer Zeit fast quantitative Ausbeuten erhalten, wenn das Aluminiumalkoholat mit gewissen Zusätzen versetzt wird, die für sich allein die Essigesterbildung nicht zu bewirken vermögen. Als solche Katalysatoren haben sich verschiedenartige Verbindungen, vor allen Halogenide und halogenhaltige Verbindungen von Quecksilber, Kupfer, Zinn, Aluminium, Silicium bewährt, die am zweckmäßigsten mit dem Aluminiumalkoholat im Vakuum zusammengeschmolzen werden und in Pulverform bei der Reaktion zur Anwendung kommen. So konnte unter Anwendung von Aluminiumäthylat, das mit 10% Zinnchloräthylat verschmolzen war, aus dem

---

[1] Bestimmung des Äthylalkohols bei Gegenwart flüchtiger Stoffe, insbesondere von Aldehyd und Aceton und die gleichzeitige Bestimmung der letzteren; *Hoepner*: Zeitschr. f. Unters. d. Nahr.- u. Genußm. **34** (1917), 453.

[2] Journ. russ. phys.-chem. Ges. 38, S. 398 bis 418. Chem. Zentralblatt 1906, II, 1309 und 1552.

Acetaldehyd Essigester in einer Ausbeute von 96%, bei Zusatz von 10% Aluminiumchlorid von 93% erhalten werden.

Der Patentanspruch lautet:

Verfahren zur Darstellung von Essigsäureäthylester aus Acetaldehyd mit Hilfe von Aluminiumäthylat, dadurch gekennzeichnet, daß man die katalytische Wirkung des Aluminiumalkoholates durch Zusatz von halogenhaltigen Stoffen erhöht, die an sich nicht Essigester aus Acetaldehyd zu erzeugen vermögen.

Durch D. R. P. Nr. 277 187 (Kl. 12 o, Gruppe 12) wird der gleichen Firma ein Verfahren geschützt, wonach man als Kondensationsmittel nicht das gewöhnliche Aluminiumalkoholat, sondern ein Reaktionsprodukt desselben mit Wasser bzw. wasserenthaltenden Metallsalzen zur Anwendung bringt. Beide Patente sind identisch mit dem Schweizer Patent Nr. 68 192 (Kl. 36 o, vom 21. November 1913).

Es hat sich ferner bei Versuchen derselben Firma ergeben, daß die Steigerung der katalytischen Wirkung des Aluminiumalkoholates bei der Essigesterkondensation durch solche Stoffe erzielt werden kann, die für sich allein auf Acetaldehyd polymerisierend wirken. Solche Stoffe sind sauer wirkende Verbindungen, wie Kupfersulfat, Benzolsulfosäure oder basisch wirkende, wie Alkalihydroxyde, Carbonate, Alkoholate, Cyanide usw. Wie diese Stoffe, dem Aluminiumalkoholat zugesetzt, die Ausbeute an Essigester erhöhen, ergibt die folgende Aufstellung:

Art des Zusatzes in Gewichtsprozenten von Alkoholat	Esterausbeute %
ohne Zusatz	15
2 % Aluminiumchlorid	80
1 % Benzolsulfosäure	61
1,5% Siliciumtetrachlorid	63
40 % Kupfersulfat (entwässert)	50
0,4% Ätznatron	56
0,4% Calciumhydroxyd	55
0,1% Natriumacetat	47
0,2% Natriumalkoholat	46
0,4% Cyannatrium	77

Die Patentansprüche dieses unter D. R. P. Nr. 314 210 (Kl. 12 o, Gruppe 12, vom 27. Oktober 1914) geschützten Verfahrens lauten:

1. Verfahren zur Darstellung von Essigsäureäthylester aus Acetaldehyd mittels Aluminiumalkoholates, dadurch gekennzeichnet, daß man die katalytische Wirkung des Aluminiumalkoholates anstatt durch die in den Patentschriften 277 111 und 277 187 angeführten Zusatzstoffe durch geringe Mengen solcher anderer Stoffe erhöht, die für sich allein Acetaldehyd in Paraldehyd oder in Aldol überführen.

2. Verfahren nach Anspruch 1, dadurch gekennzeichnet, daß man den Katalysator in Form seiner Lösung, vorteilhaft in Essigester, zur Anwendung bringt.

Die Patentansprüche eines weiteren Verfahrens derselben Firma, das unter D. R. P. Nr. 318 898 (Kl. 12 o, Gruppe 12, vom 31. März 1914) geschützt wurde, lauten:

Verfahren zur Darstellung von Essigsäureäthylester aus Acetaldehyd mittels Aluminiumalkoholat als Katalysator, dadurch gekennzeichnet, daß man zwecks Erhöhung der Wirkung des Katalysators diesen in unterkühlter Form anwendet, wie man sie erhält, wenn man geschmolzenes Aluminiumalkoholat einer raschen Abkühlung unterwirft oder in geschmolzenem Aluminiumalkoholat andere, die Wirkung des Katalysators nicht zerstörende Stoffe löst, ausgenommen die gemäß den Patenten 277 111, 277 187, 277 188 und 308 043 verwendeten Zusätze.

2. Ausführungsform des Verfahrens nach Anspruch 1, dadurch gekennzeichnet, daß man geschmolzenes Alkoholat mit Essigsäureäthylester mischt und diese Mischung auf Acetaldehyd wirken läßt.

3. Ausführungsform des Verfahrens nach Anspruch 1, dadurch gekennzeichnet, daß man das zuvor unterkühlte Alkoholat in Essigester gelöst anwendet.

Als Zusatzstoffe nach Anspruch 1, welche die Wirkung des Katalysators nicht zerstören, werden genannt: entwässerter Kalialaun, entwässertes Kupfersulfat, Campfer.

Nach dem D. R. P. Nr. 308 043 (Kl. 12 o, Gruppe 12, vom 3. Februar 1914) der *Farbwerke vorm. Meister Lucius & Brüning* werden die nach ihren Versuchen günstig wirkenden Bedingungen zur Herstellung von Essigester aus Acetaldehyd mittels Aluminiumäthylats, nämlich möglichst feine Verteilung und größte Reinheit des Äthylats und günstigste Reaktionstemperatur, 0 bis $+15°$, dadurch erzielt, daß man das gewöhnliche rohe Aluminiumäthylat in hochsiedenden organischen Lösungsmitteln, wie Nitrobenzol, Xylol oder Solventnaphtha usw. löst und durch Filtrieren von den geringen, aber die Reaktion störenden Verunreinigungen befreit. Durch die Verwendung solcher Lösungen, die eine genaue Einhaltung der günstigsten Reaktionstemperatur gestattet, erreicht man eine Ausbeute von mehr als 85% der Theorie an fast reinem Essigester, während gleichzeitig die Reaktionsdauer wesentlich gekürzt und der Aluminiumäthylatverbrauch auf 3 bis 5% herabgesetzt wird.

Der Patentanspruch lautet:

Verfahren zur Darstellung von Essigester aus Acetaldehyd mittels Aluminiumäthylat, darin bestehend, daß man in Essigester schwer löliches, normales Aluminiumäthylat von der Zusammensetzung $Al(OC_2H_5)_3$, welches keine Halogenverbindungen oder nur Spuren davon enthält, in höher siedenden organischen Lösungsmitteln gelöst zur Anwendung bringt.

Die Reindarstellung des zur Durchführung des eben genannten Verfahrens benötigten Aluminiumäthylates ist der gleichen Firma durch D. R. P. Nr. 289157 (Kl. 12 o, Gruppe 5, vom 22. Februar 1914) geschützt. Der Anspruch lautet: „Verfahren zur Destillation von Aluminiumäthylat, darin bestehend, daß man bei Atmosphärendruck die sich bildenden Dämpfe, z. B. durch Anwendung eines niederen Destillationsgefäßes, schnell abführt und ihre Kondensation im oberen Teile des Destillationsgefäßes vermeidet."

Andernfalls zerfällt das Aluminiumäthylat völlig in Äthylen, Alkohol, Äther und Aldehyd einerseits und Aluminiumoxyd andererseits.

Ein weiteres Verfahren derselben Firma, das allgemein die Darstellung von Fettsäureestern gestattet, besteht darin, daß das Acetylen als wasserabspaltendes und wasseraufnehmendes Mittel gebraucht wird. Es wurde nämlich beobachtet, daß eine quantitative Esterifizierung erfolgt, wenn Acetylen auf ein molekulares Gemisch von Alkohol und Fettsäure in Gegenwart von Quecksilbersalzen und bei erhöhter Temperatur einwirkt. So gelingt die Herstellung von Essigsäureäthylester mit einer Ausbeute von 90 bis 100%, wenn in Eisessig eine geringe Menge Quecksilberoxyd bei 30 bis 40° gelöst durch Zusatz von Schwefelsäure in Mercurisulfat übergeführt, mit Äthylalkohol am Rückflußkühler auf 70° erwärmt und Acetylen eingeleitet wird, bis keine Gasaufnahme mehr stattfindet. Der als Nebenprodukt auftretende Acetaldehyd kann durch fraktionierte Destillation von dem gebildeten Essigester getrennt werden.

Wird an Stelle von Eisessig Ameisensäure verwendet, so erhält man Ameisensäureäthylester vom Siedepunkt 54°. Unter den gleichen Bedingungen kann man aus Propionsäure und Methylalkohol Propionsäuremethylester vom Siedepunkt 79,5° erhalten.

Der Patentanspruch dieses D. R. P. Nr. 315 021 (Kl. 12 o, Gruppe 11, vom 19. September 1915) lautet:

Verfahren zur Darstellung von Fettsäureestern, dadurch gekennzeichnet, daß man auf ein äquimolekulares Gemisch von Fettsäure und Alkohol bei Gegenwart mineralsaurer Quecksilbersalze und zweckmäßig bei erhöhter Temperatur Acetylen einwirken läßt.

Weitere chemische Verbindungen, die sich aus Acetaldehyd herstellen lassen, sind das Chloroform (Trichlormethan) und das Aldol.

Die Herstellung des Chloroforms erfolgte bisher hauptsächlich durch Erwärmen von Alkohol oder Aceton mit Chlorkalk und Wasser. Nach dem D. R. P. Nr. 339 914, Kl. 12 o, Gruppe 2, vom 14. Dezember 1913 und dem Schweizer Patent Nr. 69 481 (Kl. 36 o, vom 25. November 1914) des *Consortiums für elektrochemische Industrie* kann die Gewinnung von Chloroform auch dadurch erfolgen, daß man eine wäßrige Lösung oder eine Suspension eines unterchlorigsauren Salzes mit einer wäßrigen Lösung von Acetaldehyd vermischt. Die Reaktion soll sich sehr schnell vollziehen, vor allem dann, wenn man sie bei gelinder Wärme — 40 bis 50° — ausführt. Es soll durch Destillation ein Chloroform in vorzüglicher Reinheit erhalten werden.

Der Deutsche Patentanspruch lautet:

Verfahren zur Erzeugung von Chloroform, dadurch gekennzeichnet, daß man auf Acetaldehyd unterchlorigsaure Salze zweckmäßig in wäßriger Lösung oder Suspension einwirken läßt.

Aldol entsteht dadurch, daß zwei Moleküle Acetaldehyd unter Herstellung einer neuen Kohlenstoffbindung zu einem Körper mit doppelt so großer Kohlenstoffatomzahl zusammentreten, wobei ein Wasserstoffatom des einen Moleküls sich mit dem Sauerstoff des anderen zu einer Hydroxylgruppe vereinigt.

$$CH_3CHO + CH_2H - CHO = CH_3CH \cdot OH - CH_2CHO.$$

Bisher wurde Aldol in der Weise hergestellt, daß man auf Acetaldehyd längere Zeit verdünnte Salzsäure oder Sodalösung einwirken ließ oder daß man nach *Claisen*[1] eine wässrige Lösung von Acetaldehyd auf —12° abkühlte und unter Umrühren eine 25 proz. Lösung von Cyankalium zugab, wobei die Temperatur nicht über —8° steigen durfte. Nach 30 stündigem Stehen bei niederer Temperatur wurde das Reaktionsprodukt ausgeäthert und das gebildete Aldol nach dem Abdestillieren des Äthers im Vakuum destilliert.

---

[1] Annalen der Chemie **306**, 323.

Durch ein dem *Consortium für elektrochemische Industrie* durch D. R. P. Nr. 269 996 (Kl. 12 o, Gruppe 7, vom 4. September 1912) geschütztes Verfahren ist es nun möglich geworden, Acetaldehyd unter Ausschluß von Wasser bereits durch sehr geringe Mengen von Alkali- oder Erdalkalimetall bzw. ihren Amalgamen oder Legierungen in Aldol überzuführen, wobei die Menge des Kondensationsmittels soweit eingeschränkt werden kann, daß aus dem wasserhellen, zähflüssigem Reaktionsprodukt das gebildete Aldol durch Vakuumdestillation unmittelbar isoliert werden kann. Die Reaktion verläuft unter Wärmeentwicklung und Auflösung einer anfänglich sich ausscheidenden Verbindung des Metalls mit dem Acetaldehyd, welche die Aldolkondensation zu bewirken scheint.

Der Patentanspruch lautet:

„Verfahren zur Darstellung von Aldol aus Acetaldehyd, dadurch gekennzeichnet, daß man auf Acetaldehyd unter Ausschluß von Wasser Alkali- oder Erdalkalimetalle bzw. deren in Aldehyd lösliche Verbindungen zur Einwirkung bringt und zweckmäßig das gebildete Aldol im Vakuum abdestilliert."

Das Aldol geht leicht unter Wasserabspaltung in Crotonaldehyd über,

$$CH_3 \cdot CH(OH) - CH_2 - CHO = CH_3 \cdot CH = CH - CHO + H_2O$$

so daß man nach dem oben angegebenen Verfahren unmittelbar Crotonaldehyd gewinnen kann, wenn man z. B. das Reaktionsprodukt bei gewöhnlichem Druck langsam destilliert.

Crotonaldehyd läßt sich nach dem D. R. P. Nr. 349 915, Kl. 12 o (vom 30. November 1919) der gleichen Firma auch dadurch gewinnen, daß man Acetaldehyddämpfe zweckmäßig bei Temperaturen unter 300° über erhitzte Metalloxyde leitet[1].

Aceton bildet sich bei der Destillation von essigsaurem Kalk oder essigsaurem Barium nach der Gleichung:

$$\begin{matrix} CH_3COO \\ CH_3COO \end{matrix} \!\!\Big\rangle Ca = \begin{matrix} CH_3 \\ CH_3 \end{matrix}\!\!\Big\rangle CO + CaCO_3$$

Nach einem Verfahren, bei dem eine dauernde Zwischenbildung von Calcium-, Barium-, Magnesium- oder Strontiumacetat angenommen werden kann, arbeiten die *Farbenfabriken vorm. Friedrich Bayer & Co.*, Leverkusen (D. R. P. Nr. 298 851, Kl. 12 o, vom 8. März 1916). Die Überführung der Essigsäure in Aceton findet unter Benutzung von Bariumacetat bei einer Temperatur von 320° statt. Bei Druckverminderung kann auch niedrigere Temperatur angewendet werden. An Stelle des Bariumacetats können auch Strontiumcarbonat, Kalk (CaO) und Magnesia und die entsprechenden Acetate benutzt werden. Die Ausbeute soll quantitativ sein.

Der Patentanspruch lautet:

Verfahren zur Darstellung von Aceton aus Essigsäure, dadurch gekennzeichnet, daß man Dämpfe von Essigsäure über erhitztes Acetat oder eine Base leitet.

Ob noch andere Verfahren geschützt sind, die gestatten, Aceton etwa aus Acetaldehyd unmittelbar oder auf einem anderen Wege aus Essigsäure zu

---

[1] Chem. Ztg. **46** (1922); chem. techn. Übersicht Nr. 52/54, S. 145.

gewinnen, kann bis jetzt auf Grund der vorliegenden Patentschriften oder sonstigen Veröffentlichungen nicht gesagt werden.

Einen neuen Weg, das Acetylen für Koch- und Heizwecke nutzbar zu machen, schlägt das *Elektrizitätswerk Lonza* ein[1]. Der aus Acetylen gewonnene Acetaldehyd wird nämlich mit Schwefelsäure unter starker Abkühlung behandelt und verwandelt sich hierbei zu 98% in Paraldehyd[2] und zu 2% in Metaldehyd. Metaldehyd scheidet sich in langen Krystallen ab und wird schließlich, nachdem er noch einem Reinigungsprozeß unterworfen worden ist, in Form eines weißen Pulvers gewonnen. Der Paraldehyd, der bei normaler Temperatur flüssig ist, und der aus 3 Molekülen Aldehyd besteht, wird alsdann wiederum zu Aldehyd regeneriert, und zwar durch Destillation mit Schwefelsäure. Die Reaktion geht auf diese Weise ununterbrochen im Kreislauf weiter. Jede Operation gibt etwa 2% Meta, nach Abzug eines gewissen unbedeutenden Verlustes an Aldehyd.

Paraldehyd und Metaldehyd verbrennen in der gleichen Weise wie Alkohol, d. h. ohne Rauch zu bilden oder Rückstände zu hinterlassen. Als Verbrennungsprodukte entstehen nur Gase: Kohlensäure und Wasserdampf. Paraldehyd, der einen Siedepunkt von 124° hat, kann als Motorbetriebsstoff verwendet werden, und es ist nicht ausgeschlossen, daß er einmal als solcher in Betracht kommt, falls nämlich die Herstellungskosten sich gegenüber denjenigen von Benzin und Benzol als günstig herausstellen werden.

Metaldehyd hat dagegen bereits Anwendung gefunden. „Meta" stellt in Tabletten oder kleine Blöcke gepreßt einen festen, handlichen sauberen und explosionssicheren Brennstoff für Koch- und Heizwecke dar. Er verbrennt ohne Geruch und Ruß aschefrei, ohne zu schmelzen oder Flüssigkeit auszuschwitzen, ist unempfindlich gegen Feuchtigkeit und Luft und kann daher offen aufbewahrt werden. Sein Heizwert ist etwas höher als der von Brennspiritus, nämlich 6130 WE gegen 6000 WE. Mit diesem Brennstoff hat man das Ziel erreicht, das man beim Hartspiritus erreichen wollte, jedoch nicht vollkommen erreichen konnte; er kommt seit einigen Monaten zusammen mit handlichen, seinen Eigenschaften angepaßten Apparaten in den Handel und soll sich, u. a. bei großen geographischen Expeditionen vorzüglich bewährt haben. 1550 g reichen aus, um damit 2 l Wasser kochen zu können.

Die hier angeführten Verfahren können keinen Anspruch darauf erheben, vollzählig zu sein. Über die Gewinnung von Acetaldehyd und Essigsäure sowie über die daraus herstellbaren chemischen Körper ist u. a. auch im Auslande vielfach gearbeitet worden[3].

Es wurden daher in der Hauptsache nur deutsche Firmen und in Deutschland bzw. der Schweiz patentierte Verfahren angeführt und beschrieben. Im allgemeinen dürften wohl alle Verfahren, soweit sie den Grundgedanken betreffen, nicht allzu sehr voneinander abweichen.

---

[1] S. Carbid u. Acetylen, 1922, Nr. 3, S. 14; D. R. P. Nr. 325 151; *Gandillon*: Vortrag, gehalten auf der Hauptversammlung d. Deutschen Acetylenvereins am 14. September 1923; Autogene Metallbearbeitung 1923, H. 19.

[2] D. R. P. Nr. 319 368, Kl. 12o vom 30. August 1917.

[3] Siehe Carbid und Acetylen 1919 Nr. 12, S. 48; Nr. 15, S. 60; Nr. 16, S. 64.

Hingewiesen sei noch auf einen Prioritätsstreit zwischen dem *Consortium für elektrochemische Industrie* und *Nathan Grünstein*, bei dem es sich darum handelt, wer von beiden den bei der Acetaldehydherstellung notwendigen Acetylenüberschuß als erster angegeben hat[1].

Wirtschaftliches über die Herstellung von Alkohol.

Mit der fabrikmäßigen Herstellung von Acetaldehyd, Essigsäure, Aceton und Essigester haben sich, soviel bekannt geworden ist, bis jetzt in Deutschland folgende Firmen beschäftigt: Die *Dr.-Alexander-Wacker-Gesellschaft für elektrochemische Industrie*-München[2] und die *Farbwerke vorm. Meister Lucius & Brüning*, Höchst a. M. und Knapsack[3], während die *Chemische Fabrik Griesheim-Elektron*, auf welche die Patente *Grünsteins* übertragen wurden anscheinend noch im Versuchsbetriebe arbeitet, dabei aber auch schon größere Mengen Acetaldehyd und Essigsäure hergestellt hat[4].

Die *Dr.-Alexander-Wacker-Gesellschaft für elektrochemische Industrie* arbeitet als Lizenznehmerin nach dem Verfahren des *Consortiums für elektrochemische Industrie*[5], während die *Höchster Farbwerke* ihre eigenen Verfahren benutzen[6]

Eine Versuchsanlage zur Herstellung von Alkohol ist in Burghausen (Oberbayern) im Bau begriffen. Nach der Fertigstellung werden dort jährlich etwa 10 000 hl Carbidspiritus erzeugt werden können[7], wobei zur Erzeugung von 100 l Weingeist etwa 200 kg Carbid und 60 cbm Wasserstoff erforderlich sind

Fabrikmäßig ist Carbidspiritus in Deutschland bisher nur von der *Badischen Anilin- und Soda-Fabrik* in Ludwigshafen a. Rh. hergestellt worden Die Genehmigung dazu wurde Ende 1920 vom Reichsmonopolamt für Branntwein zu dem Zwecke erteilt, dieser Firma und den mit ihr zusammengeschlossenen Firmen der Teerfarbenindustrie die Möglichkeit zu schaffen, die durch den Friedensvertrag geforderten Farbstoffmengen herzustellen, da aus den verfügbaren Beständen der Monopolverwaltung dafür keine Lieferung erfolgen konnte. Bis Ende März 1921 waren in der Anlage zu Ludwigshafen bereits 1000 hl Spiritus erzeugt worden. Die jährliche Leistungsfähigkeit der Anlage kann auf 15 000 bis 30 000 hl gesteigert werden[8].

Das neue Branntweinmonopolgesetz hat für Carbidspiritus eine Mindestmenge von 40 000 hl jährlich vorgesehen, um der Monopolverwaltung eine Grundlage für Vertragsabschlüsse zu geben[9].

---

[1] Vgl. Zeitschr. f. angew. Chemie **31**, I, 148, 180, 220 (1918). **32**, I. 31, 32, 104, 13 224, 335, 336, 396 (1919); **33**, I. 72 (1920).

[2] Zeitschr. f. angew. Chemie **31**, I, 148 (1918).

[3] a. a. O. S. 148.

[4] Zeitschr. f. angew. Chemie, **32**, 104, 224 (1919).

[5] Zeitschr. f. angew. Chemie **31**, 148 (1918).

[6] a. a. O. S. 148.

[7] Die Erzeugung von technischen Spiritus (Anlage zum Gesetzentwurf über d Branntweinmonopol); Chem. Ind. 1921, Nr. 32, S. 311.

[8] a. a. O.

[9] a. a. O. Nr. 31, S. 299.

In der Schweiz wurde im Jahre 1917 vom Bundesrat dem *Elektrizitätswerk Lonza* eine 20jährige Konzession für die Herstellung von Alkohol aus Carbid erteilt[1]. Nach Angaben des *Elektrizitätswerks Lonza*[2] braucht man praktisch zur Herstellung einer Tonne Alkohol etwa 2 t Calciumcarbid und 500 cbm Wasserstoff. 2 t Calciumcarbid beanspruchen durchschnittlich an elektrischer Energie 8000 kW-St. Bei elektrolytischer Erzeugung beanspruchen 500 cbm Wasserstoff 3000 kW-St.; insgesamt also beansprucht eine Tonne Alkohol 11 000 kW-St. Außer elektrischer Energie sind für eine Tonne Alkohol erforderlich etwa 2,5 t Kohle und 4 t Kalkstein. Die gesamte Alkoholeinfuhr in der Schweiz betrug in den letzten 10 Jahren durchschnittlich etwa 10 000 t jährlich.

Auf Grund dieser Konzession wollte das *Elektrizitätswerk Lonza* in Visp eine Fabrik zur Erzeugung von jährlich 7500 t Alkohol errichten, deren Erweiterung auf 10 000 t vorgesehen war, so daß damit der gesamte jährliche Alkoholbedarf der Schweiz hätte gedeckt werden können. Unter dieser Voraussetzung hätten nicht weniger als 100 Millionen kW-St. elektrischer Energie für die Alkoholerzeugung verwendet werden können, wobei vom Ausland lediglich etwa 20 000 t Kohle bezogen worden wären.

Bis zum Jahre 1917 hätte die Schweiz unter Zugrundelegen der vor dem Krieg gültigen Alkoholpreise etwa für 4 Millionen Franken Alkohol einführen müssen; nach Errichtung der Alkoholfabrik hätten nur für etwa 700 000 Franken Kohle jährlich eingeführt werden müssen, so daß etwa 3,3 Millionen Franken der schweizer Volkswirtschaft erhalten geblieben wären.

Diese Annahmen haben sich leider — d. h. leider im Interesse der schweizer Volkswirtschaft — nicht erfüllt. Wohl hatte die Herstellung von Alkohol in technischer Hinsicht vollen Erfolg. Wenn sie in wirtschaftlicher Hinsicht nicht bestehen konnte, so lag dies nicht an dem Verfahren, das, wie schon oben erwähnt, neuerdings in Deutschland ausgenutzt wird, sondern an den ausländischen Valuten und der Kohlenfrage. Es ist zu berücksichtigen, daß die Schweiz zur Zeit wegen ihrer, von ihr selbst so unangenehm empfundenen hohen Valuta sich oft Rohstoffe verhältnismäßig teurer beschaffen muß, als die daraus hergestellten Erzeugnisse[3].

Zu der Wirtschaftlichkeit der Herstellung von Carbidspiritus in Deutschland haben sich besonders seit der Programmrede des Reichsfinanzministers in der Nationalversammlung vom 3. Dezember 1919 vornehmlich in der Zeitschrift für Spiritusindustrie und in verwandten Zeitschriften Fachmänner der Gärungsindustrie geäußert, die natürlich für den Gärungsalkohol eine Lanze brechen, während andererseits Fachmänner und Volkswirtschaftler ihrer Meinung dahin Ausdruck geben, daß es ein Mißgriff sei, die Gärungsindustrie vor einer im Entstehen begriffenen Industrie, die es ermöglicht, die bisher für die Brennerei notwendigen Rohstoffe, vornehmlich die Kartoffel,

---

[1] Carbid und Acetylen 1917, Nr. 4, S. 19; Nr. 7, S. 33 (s. auch Chem.-Ztg. **41** (1917,) 272; **44** (1920), S. 983).
[2] Berner Bund vom 22. März 1917.
[3] Carbid und Acetylen 1920, Nr. 19, S. 78.

teilweise für die Ernährung freizumachen, zu bevorzugen[1]. Es ist eine alte Erfahrung, daß das Neue auf Widerstände stößt, ja sie sogar hervorruft.

In Wirklichkeit dürften augenblicklich die Verhältnisse so liegen, daß sich Landwirtschaft und Carbidindustrie einander ergänzen und aushelfen. Die Carbidindustrie[2], der die Landwirtschaft in den ersten Kriegsjahren ihre Hauptversorgung mit Stickstoff zu danken hat, beabsichtigt keineswegs, den gesamten Spiritusbedarf, vor dem Kriege etwa $3^1/_2$ Millionen hl[3], zu decken. Dazu wären rund 600 000 t Carbid erforderlich, die sich für diesen Zweck allein nicht freimachen ließen. Die Aufgabe der Carbid- bzw der Carbidspiritusindustrie ergibt sich auf andere Weise. Der Friedensvertrag hat die deutsche Anbaufläche für Kartoffeln um 35% vermindert. Ein großer Teil der im Osten liegenden Brennereien gehört nicht mehr zum deutschen Gebiet; dadurch entsteht für Deutschland ein jährlicher Ausfall von etwa 1 000 000 hl Spiritus, der ebenso wie der der fehlenden Kartoffelmenge auf andere Weise aufgebracht werden muß. Die Kartoffelerträge lassen sich vielleicht bei ausreichender Grunddüngung mit Kalisalzen unter Mitbenutzung starker Stickstoffdüngung dort erhöhen, wo der Boden zur Aufnahme gesteigerter Stickstoffmengen geeignet ist. Das trifft für die Gegenden mit armen Sandböden, die bisher 80% der Kartoffelspiritusmengen geliefert haben, jedoch nicht in ausschlaggebender Weise zu. Bei diesen Böden kann der Kartoffelbau im bisherigen Umfange nur durch starke Stallmist- oder Gründüngung unter Zufuhr größerer Mengen Kali und Phosphorsäure durchgeführt werden, weil sonst dem Boden die bindende Kraft fehlt. Können also im Osten keine größeren Kartoffelerträgnisse erzielt werden, so werden die in den übrigen Teilen erzielten Mehrerträge an Kartoffeln zweifellos besser für Speisezwecke verwendet. Die unvermeidlich entstehende Fehlmenge an Alkohol könnte nun durch die Carbidspiritusindustrie gedeckt werden.

Dem Carbidspiritus wird, wie Heß[4] weiter schreibt, zum Vorwurf gemacht, daß er sehr viel Kohle verbraucht[5]. Dies trifft nur auf Werke zu, die ihr Carbid mittels Dampfkraft erzeugen. Eine künftige Carbidspiritusherstellung wird sich auf Wasserkraftcarbid stützen, dessen Umwandlung in Alkohol weniger Kohle erfordert, als die Verarbeitung der Kartoffel auf Spiritus.

---

[1] Vgl. Carbid und Acetylen 1918, Nr. 10, S. 40; Nr. 11, S. 43; Nr. 17, S. 67 bis 69; Nr. 18, S. 71 bis 73; Nr. 19, S. 75. 1920, Nr. 8, S. 33; Nr. 19, S. 77.

[2] Vgl. die Ausführungen von J. Heß, München. Carbid und Acetylen 1920, Nr. 19, S. 77.

[3] Wozu etwa 3,5 Millionen Tonnen Kartoffeln nötig wären. 1 t Carbid = 625 l Spiritus; 125 Ztr. Kartoffeln = 625 l Spiritus (s. Carbid und Acetylen, 1918, Nr. 17).

[4] a. a. O. S. 78.

[5] Nach Angaben von Janke: Zur Technologie des Äthylalkohols beträgt der Verbrauch an Wärmeeinheiten für 1 hl Alkohol:

bei der Kartoffelbrennerei	680 000 WE.
„ „ Sulfitspriterzeugung	1,1 Mill. „
„ „ Holzspriterzeugung	0,5 „ „
„ „ Carbidspriterzeugung ohne Wasserkraft	4,58 „ „
„ „ Carbidspriterzeugung mit Wasserkraft	1,40 „ „

(vgl. Zeitschr. f. angew. Chemie 32 (1919), III, S. 274; Carbid und Acetylen 1919, Nr. 16, S. 64.

Neue Fortschritte haben sogar einen Weg gezeigt, die Umarbeitung ganz ohne Kohle durchführen zu können. Es bleibt dann nur noch die Menge Kohle in Vergleich zu setzen, die zum Kalkbrennen und in Form von Koks zur Carbiderzeugung notwendig ist. Die zum Kalkbrennen erforderliche Kohle fällt außer Betracht, weil der bei der Vergasung des Carbides anfallende Kalk quantitativ an Stelle des bisher verwendeten Stückkalkes im Baugewerbe, zum Teil auch in der Landwirtschaft, verwendet wird[1]. Die hierzu verwendete Kohle wird also für die Herstellung von Baukalk vollkommen eingespart[2]. Der dann noch als Rohstoff verbleibende Koks muß der Kartoffel als Rohstoff gegenübergestellt werden und dürfte wohl als das weniger wertvolle Ausgangsprodukt zu bezeichnen sein.

Bei einem wirtschaftlichen Vergleich der beiden Erzeugungsmethoden ist zu berücksichtigen, daß zur Herstellung von 1 hl Alkohol auf der einen Seite 18 Zentner Kartoffeln und 32 Pfund Gerstenmalz, auf der andern Seite 3 Zentner Koks erforderlich sind. Bei der Carbidspirituserzeugung fällt Baukalk als Nebenprodukt an, der die Kalkausgabe deckt, bei der Kartoffelspiritusherstellung fällt Schlempe an, die die Eiweißstoffe nutzbringend verwerten läßt. Die Umarbeitung von Koks auf Alkohol ist naturgemäß, da umständlicher, teurer, besonders auch mit Rücksicht darauf, daß die Industrie wesentlich höhere Löhne bezahlen muß als die Landwirtschaft. Die notwendige Steigerung der Kartoffelerzeugung wird sich ohne Preiserhöhung wohl nicht durchführen lassen, so daß darin ein Preisausgleich gegeben ist.

Über den Fabrikationsgang bei der Gewinnung des Acetaldehyds und des Alkohols im großen liegen nur wenig Angaben vor. *Duparc*, welcher Gelegenheit hatte, die Anlagen des *Elektrizitätswerks Lonza* zu besichtigen, gibt darüber folgende Schilderung[3].

Für die Fabrikation von Alkohol leitet man Acetylen in ein 2000 l fassendes Gefäß, welches mit rasch laufendem Rührwerk versehen ist. Diese Apparate sind in Batterien angeordnet und in weitläufigen Hallen untergebracht. Sie enthalten ungefähr 800 l Wasser, welches durch Schwefelsäure angesäuert ist und zu welchem man Quecksilberoxyd als Katalysator hinzugegeben hat. Bei einer genügend hohen Temperatur reagiert das Acetylen mit Wasser in Gegenwart von Quecksilberoxyd, um den Aldehyd zu bilden, der verdampft und vom überschüssigen Acetylen, welches nicht reagiert hat, aus dem Apparat weggeführt wird. Das Gemisch passiert dann Kühler und der Aldehyd kondensiert sich darin, während der Acetylenüberschuß in den Gasbehälter zurückkehrt. Der so erhaltene Aldehyd wird wie folgt in Alkohol verwandelt:

Aldehyddämpfe, die mit einem großen Überschuß an Wasserstoff gemischt sind, werden durch einen eisernen Apparat, der den zur Bindung des Wasserstoffs notwendigen Katalyten enthält, geführt. Dieser besteht aus Nickel,

---

[1] Siehe *J. H. Vogel*, Das Acetylen, II. Aufl. (1923), S. 365.
[2] Diese Tatsache wird auch in der oben erwähnten Anlage zum Gesetzentwurf über das Branntweinmonopol besonders hervorgehoben.
[3] Mitt. d. Schweiz. Acetylenvereins 1919, Nr. 11 (nach einem Bericht im Journal de Genève).

welches auf der Oberfläche eines porösen, granulierten Körpers niedergeschlagen ist; die mit Wasserstoff gemischten Aldehyddämpfe strömen über diesen Katalysator. Die Temperatur steigt, und die Bindung des Wasserstoffs vervollständigt sich. Der nicht in Reaktion getretene Wasserstoff verläßt den Apparat gemischt mit den gebildeten Alkoholdämpfen. Das Ganze durchströmt Kühler, deren Temperatur man vermittelst Eismaschinen zwischen 0 und minus 10° hält. Der Alkohol kondensiert sich, während der Überschuß an Wasserstoff in den Gasbehälter zurückkehrt. Der so erhaltene Alkohol ist unrein; er enthält etwas Aldehyd, des weiteren ein wenig Äther, welcher nebenher gebildet wird. Man reinigt ihn durch Destillation in einem Kolonnenapparat.

Zur Essigsäurefabrikation verwendet man den gleichen Aldehyd, welchen man indessen in Gegenwart von Sauerstoff und einer katalysierenden Substanz in einem Reaktionsapparat behandelt. Es bildet sich direkt Essigsäure, von welcher ein Teil durch den nicht reagierten Sauerstoff weggeführt, indessen durch Kondensation wieder gewonnen wird. Der Sauerstoff, welcher nicht aufgenommen wurde, geht in den Gasbehälter zurück.

Die Apparate werden von Zeit zu Zeit geleert, alsdann wird die so erhaltene unreine Essigsäure einem neuen Destillationsprozeß unterworfen, um sie in ganz reiner Form zu gewinnen. Sie wird in Steinzeug- oder Aluminiumgefäßen aufbewahrt.

Der für die Fabrikation von Alkohol in Visp erforderliche Wasserstoff wird aus Wassergas gewonnen. Dieses wird über erhitztes Eisenoxyd geleitet, welches zu Metallschwamm reduziert wird, der die Eigenschaft besitzt, Wasserdampf unter Rückbildung von Eisenoxyd und Bildung von sehr reinem Wasserstoff zu zersetzen. Der Sauerstoff wird durch Luftverflüssigung erhalten.

Für die Darstellung von 100 kg Essigsäure sind etwa 225 kg Calciumcarbid und 20 cbm Sauerstoff nötig[1]. Die aus Branntwein im Jahre 1913 in 680 Gärungsessigbetrieben hergestellte Essigsäure betrug etwa 12 000 t, die aus essigsaurem Kalk und Holzessig hergestellte wasserfreie Essigsäure etwa 23 000 t[2], wovon etwa 10 000 t aus dem eingeführten Graukalk (essigsaurem Kalk) gewonnen wurden[3].

Die während des Krieges entstandenen Carbidessigsäurefabriken können bei voller Ausnutzung etwa 25 000 t Essigsäure herstellen[4], so daß sie imstande wären, die aus essigsaurem Kalk und Holzessig hergestellten Mengen Essigsäure zu ersetzen; zum mindesten würde dadurch die Einfuhr von Graukalk unnötig. Gegenüber der Herstellung der Essigsäure aus diesem Kalk besitzt die Herstellung der Carbidessigsäure noch den Vorteil, daß die Verwendung von Schwefelsäure, die zur Entbindung der Essigsäure nötig ist, wegfällt.

Bis zur Zeit vor dem Kriege wurden jährlich rund 170 000 t Kartoffeln auf Gärungsessig verarbeitet, die ebenfalls der Ernährung erhalten bleiben könnten.

---

[1] Chem. Ind. 1921, Nr. 32, S. 312.
[2] Carbid und Acetylen 1918, Nr. 11, S. 44.
[3] Chem.-Ztg. **44** (1920), Nr. 155, S. 983.
[4] Carbid und Acetylen a. a. O.

Von ausländischen Betrieben, die die Herstellung von Acetaldehyd, Essigsäure usw. aufgenommen haben, scheinen, außer den Lonzawerken in der Schweiz, bisher nur zwei bekannt geworden zu sein, nämlich die *Organo-Kemisk-Industrie A.-S.* in Fredrikstad in Norwegen und eine Fabrik an den Shawinigan-Fällen in Quebec-Kanada [1].

Herstellung von künstlichem Kautschuk.

Die in Deutschland während des Krieges erbauten Anlagen zur Darstellung von Acetaldehyd, Essigsäure und Aceton erzeugten im Jahre 1918 monatlich mehr als 600 t Aceton [2], die größtenteils für die Herstellung von künstlichem Kautschuk verwendet wurden.

Bekanntlich lassen sich die Kohlenwasserstoffe Jsopren (C_5H_8), Butadien (C_4H_6) und Methylisopren (C_6H_{10}) durch Polymerisation in kautschukähnliche Produkte überführen [3].

Die Erkenntnisse über die Art der Verarbeitung dieser Kohlenwasserstoffe waren bereits vor dem Kriege besonders in den *Farbenfabriken vorm. Friedrich Bayer* in Leverkusen gewonnen, mußten jedoch weiter ausgebaut und vervollkommnet werden. Der erste künstliche Kautschuk, der der Gummiindustrie in größeren Mengen angeboten wurde, war aus Aceton als Ausgangsstoff gewonnen worden. Aceton wurde mittels Aluminium zu Pinakon reduziert und dieses in Dimethylbutadien übergeführt. Diesem „Methylkautschuk" wurde jedoch anfangs großes Mißtrauen entgegengebracht, trotzdem er von der Gummiindustrie gemischt mit natürlichem Kautschuk zur Herstellung von Gummireifen und anderen Waren verwendet wurde. Die Herstellung lohnte sich, solange der Preis für 1 kg des natürlichen Kautschuks 30 Mk. betrug; als jedoch der Preis auf 4 Mk. sank, erlahmte das Interesse der Gummiindustrie an dem synthetischen Produkt. Die Verhältnisse änderten sich aber, als im Krieg nach und nach ein Mangel an Kautschuk einsetzte, dessen Weltbedarf vor dem Kriege jährlich etwa 145 000 t, im Kriege bei Ausschaltung der Zentralmächte 220 000 t betrug.

Man kam auf den künstlichen Kautschuk, dessen Herstellung man in Leverkusen bereits eingestellt hatte, zurück, mußte aber feststellen, daß die beiden dazu nötigen Rohstoffe, Aceton und Aluminium, für diese Zwecke nicht mehr zur Verfügung standen. Von Aceton war gerade soviel vorhanden, daß der Bedarf für die Herstellung von Nitroglycerinpulver gedeckt werden konnte. Die Hälfte des Graukalkes, aus dem das Aceton gewonnen wurde [4], war früher aus Amerika bezogen worden. Man war daher gezwungen, Aceton auf andere Weise herzustellen. Die Gewinnung von Aceton über Gärungsspiritus und

---

[1] Chem.-Ztg. **44** (1920), Nr. 155, S. 983 (s. auch Chem. Industrie 1919, S. 54 bis 56).
[2] *Wuest:* Schweiz. Chem.-Ztg. 1919, Heft 14/15 (s. auch Carbid und Acetylen 1920, Nr. 18, S. 75).
[3] *Duisberg:* Vortrag, gehalten auf der 24. Hauptversammlung der deutschen Bunsengesellschaft f. angew. phys. Chemie, Berlin, 9. bis 10. April 1918; Zeitschr. f. angew. Chemie **31**, III. 241 (1918).
[4] Siehe S. 71.

-essigsäure, also auf biologischem Wege, wurde zwar vervollkommnet, ebenso ein neues Verfahren im Institut für Gärungsindustrie, Berlin, ausgearbeitet, um aus der Kartoffel mit Hilfe des Bacillus macerans der faulenden Kartoffel Aceton zu gewinnen; es bildeten sich nämlich bei dieser Gärung $^2/_3$ Alkohol und $^1/_3$ Aceton. Beide Verfahren konnten aber, mit Rücksicht darauf, daß die Kartoffel als Nahrungsmittel und auch der Alkohol für die Pulverindustrie notwendig gebraucht wurden und der Bacillus macerans sehr empfindlich war, nur in beschränktem Umfange ausgeführt werden.

Man griff daher auf das bereits vor dem Kriege bekannte, aber im großen noch nicht durchgeführte Verfahren der Gewinnung von Aceton aus Acetylen zurück[1], wodurch man endlich in der Lage war, dieses eine Ausgangsprodukt für den synthetischen Kautschuk unabhängig vom Ausland in den erforderlichen Mengen herzustellen.

Durch die Herstellung von Aluminium aus einheimischer Tonerde wurde man auch für das zweite Ausgangsprodukt vom Ausland unabhängig. Es gelang schließlich, im Jahre 1918 monatlich 150 t Methylkautschuk herzustellen, der zwar anfangs von der Gummiindustrie wiederum mit Mißtrauen aufgenommen wurde, der sich aber doch als Hartgummi, z. B. für Akkumulatorenkästen, sehr gut verwenden ließ und aus dem schließlich nach Zumengen anderer Stoffe auch Vollreifen, Kabel und Gummistoffe sich herstellen ließen. Es wurde in Leverkusen eine Fabrik großen Umfangs errichtet, in der jährlich 2000 t dargestellt werden können; das wäre, da Deutschland jährlich etwa 16 000 t verbrauchte, $^1/_8$ des Friedensbedarfs.

Da das Produkt aus dem Dimethylbutadien aber noch in seinen Eigenschaften Schwierigkeiten bietet, soll an die Herstellung des Isoprens gegangen werden. Dr. *Merling* ist es nämlich gelungen, Acetylen und Aceton in Gegenwart von Alkaliamid oder Alkalialkoholaten aneinander zu lagern, so daß man auf diese Weise billig Isopren darstellen kann. Die Polymerisation im großen bietet allerdings noch Schwierigkeiten, doch dürften auch diese überwunden werden.

Die Reaktion geht nach folgenden Gleichungen[2] vor sich:

$$CH_2 = \underset{ONa}{\overset{CH_3}{C}} \quad + CH \equiv CH \rightarrow$$

$$CH_3 - \underset{ONa}{\overset{CH_3}{C}} - C \equiv CH \rightarrow CH_3 - \underset{OH}{\overset{CH_3}{C}} - C \equiv CH \rightarrow$$

$$CH_3 - \underset{OH}{\overset{CH_3}{C}} - CH = CH_2 \rightarrow CH_3 - \underset{CH_2}{\overset{C}{\|}} - CH = CH_2$$

---

[1] Siehe S. 96.

[2] *Harries:* Untersuchungen über die natürlichen und künstlichen Kautschukarten, Berlin 1919, S. 159, s. *Kötschau*, Zeitschr. f. angew. Chemie **34**, Nr. 61, S. 403 (1921).

Wie die Verhältnisse augenblicklich liegen, ist nicht bekannt; der Marktpreis für natürlichen Kautschuk soll zur Zeit erheblich gesunken sein, da ein Überangebot besteht und die kautschukerzeugenden Länder keinen Absatz für das Naturprodukt haben. Auf der anderen Seite ist zu berücksichtigen, daß infolge der schlechten Geldwertverhältnisse Deutschland schwer in der Lage ist, als Käufer im Auslande aufzutreten.

Es wäre für Deutschland unzweifelhaft von großer wirtschaftlicher Bedeutung, wenn es gelingt, die Synthese des Kautschuks im großen unter Benutzung der im Inland in beliebigen Mengen herstellbaren Ausgangsmaterialien so durchzuführen, daß der synthetische Gummi mit dem natürlichen nicht nur in seinen Eigenschaften, sondern auch im Preise in Wettbewerb treten könnte.

Die für die oben angeführten Synthesen in Frage kommenden Patente der *Farbenfabriken vorm. Friedrich Bayer & Co.*, Leverkusen, deren einzelne Wiedergabe hier zu weit führen würde, sind folgende:

Verfahren zur elektrolytischen Behandlung organischer Körper D. R. P. Nr. 252 759 (Kl. 12 o, Gruppe 27 vom 25. Juni 1911).

Verfahren zur Darstellung von Pinakon D. R. P. Nr. 306 304 (Kl. 12 o, Gruppe 5 vom 6. Mai 1917).

Verfahren zur Herstellung von Pinakon D. R. P. Nr. 306 523 (Kl. 12 o, Gruppe 5 vom 4. Februar 1917, Zusatz zum Patent 252 759).

Verfahren zur Darstellung der Oxyisopropylderivate von Kohlenwasserstoffen und deren Abkömmlingen D. R. P. Nr. 280 226 (Kl. 12 o, Gruppe 5 vom 9. September 1913), D. R. P. Nr. 284 764 (Kl. 12 o, Gruppe 5 vom 29. November 1913; Zusatz zum Patent 280 226).

Verfahren zur Darstellung der Oxyisopropylderivate von Kohlenwasserstoffen D. R. P. Nr. 286 920 (Kl. 12 o, Gruppe 5 vom 29. November 1913, Zusatz zum Patent 280 226).

Verfahren zur Darstellung der Oxyalkylderivate von Kohlenwasserstoffen. D. R. P. Nr. 289 800 (Kl. 12 o Gruppe 5 vom 30. November 1913. Zusatz zum Patent 280 226).

Verfahren zur Darstellung von Isopropenylacetylen D. R. P. Nr. 290 558 (Kl. 12 o, Gruppe 19 vom 29. Januar 1914).

Verfahren zur Darstellung von 3-Methylbutinol, seinen Homologen und Analogen D. R. P. Nr. 291 185 (Kl. 12 o, Gruppe 19 vom 24. März 1914, Zusatz zum Patent 280 226).

Herstellung von Lacken und anderen Polymerisationsprodukten aus Acetylen.

Mit Hilfe des Acetylens ist es möglich, Massen herzustellen, die als Ersatz für Celluloid, als Lacke usw. Verwendung finden können. So ist es gelungen, durch Einwirkung von Acetylen auf Körper mit einer Hydrol- oder Carboxylgruppe, z. B. Essigsäure, bei Gegenwart von Quecksilbersalzen Ester und Äther des Äthylidenglycols, daneben auch solche des Vinylalkohols herzustellen. Diese Ester oder deren Polymerisationsprodukte können als Lacke oder als Ersatz für Celluoid, für Platten, Films, zur Herstellung von Knöpfen usw verwendet werden.

Die hierfür in Betracht kommenden Patente sind folgende:

D. R. P. Nr. 281 373 (Kl. 22 h, Gruppe 4 vom 26. November 1912), Verfahren zur Darstellung von Lacken aus Celluloseestern. (*Chem. Fabrik Griesheim-Elektron.*)

D. R. P. Nr. 281 687 (Kl. 39 b, Gruppe 8 vom 4. Juli 1913), Verfahren zur Herstellung technisch wertvoller Produkte aus organischen Vinylestern. (Desgl.)

D. R. P. Nr. 290544 (Kl. 22h, Gruppe 3 vom 13. November 1913), Lack aus Polymerisationsprodukten organischer Vinylester. (Desgl.)

D. R. P. Nr. 362666 (Kl. 39b vom 21. November 1920), Verfahren zur Polymerisation von Vinylhalogeniden durch sichtbares Licht. *(Aktiengesellschaft für Anilin-Fabrikation Berlin-Treptow.)*

Eine weitere Synthese, ausgehend vom Acetaldehyd und damit vom Acetylen, stellt der Aufbau eines künstlichen Lackes dar, der unter dem Namen „Wackerschellack" bereits in den Handel gebracht wird[1].

Bekanntlich wird der natürliche Schellack auf den Zweigen der Schellackbäume durch den Stich von ungeheuer zahlreich auftretenden Läusen zum Ausfluß gebracht und von den Läusen selbst durch besondere Drüsen aufgenommen und wieder abgesondert. Das ausgeschiedene Harz umschließt dann die Lauskultur mit einer erhärtenden Schicht, die sich zylinderförmig um die Zweige legt und dann von diesen als „Stocklack" abgeschlagen wird. Dieser Stocklack wird in langen, an einem Ende verschlossenen Schläuchen zum Schmelzen gebracht und durch Auswinden durch die Wände des Schlauches gepreßt. Der so erhaltene geschmolzene Schellack wird durch Auftragen in feiner Schicht auf Blättern erstarren gelassen. Die von den Blättern abgelösten Schellackfolien werden in Kisten verpackt und versandt.

Aus dem Acetaldehyd wird von der *Dr.-Alexander-Wacker-Gesellschaft* durch Kondensation und Polymerisation ein Weichharz gewonnen, das durch weitere Polymerisationsvorgänge in ein dem Naturschellack ähnliches hartes Harz übergeführt wird, das unter dem Namen „Wackerschellack" in verschiedenen, den Anwendungszwecken angepaßten Sorten in den Handel gebracht wird.

Der Wackerschellack, wie er heute vorliegt, stellt allerdings noch keine vollzogene Synthese des Naturschellacks dar, dessen Zusammensetzung noch nicht vollständig erforscht ist. Es wird aber angegeben, daß die vorzüglichen Eigenschaften des Naturschellacks vom Wackerschellack etwa zu 75% erreicht sind und daß Hoffnung besteht, dieses Produkt noch mehr und mehr zu vervollkommnen.

Der Wackerschellack findet heute schon erfolgreiche Anwendung in der Möbelindustrie für Politur- und Mattierungszwecke, in der Modelltischlerei und Drechslerei als Überzugslack, in der Gips-, Stukkatur- und Kunststeinindustrie als Binde- und Anstrichmittel, in der elektrotechnischen Industrie als Klebemittel bei der Herstellung von Mekanit, in der Rahmenfabrikation als Binde- und Klebemittel, in der Lackfabrikation zur Herstellung von Spritlacken und Isolierlacken. Auch in der Zündhütchenindustrie als Klebemittel und in der Porzellanindustrie als Modellack, ferner in der Marmorindustrie als Kitt ist die Anwendung des neuen Produktes zu verzeichnen.

Das Hauptlösungsmittel für Schellack ist Spiritus. Die *Dr.-Alexander-Wacker-Gesellschaft* verwendet hierzu den in ihrem Betriebe aus Carbid

---

[1] Mitteilung von Direktor Dr. *Hess* der *Dr.-Alexander-Wacker-Gesellschaft für elektrochemische Industrie G. m. b. H., München*, bei der 25. Jahresversammlung des Deutschen Acetylenvereins in Koburg am 14. September 1923.

Herstellung von Lacken und anderen Polymerisationsprodukten aus Acetylen. 107

hergestellten Carbidspiritus. Der Inhalt einer Kanne Mattierung, bestehend aus Carbidspiritus mit etwa 40% Wackerschellack stellt somit, von geringen fremden Zusätzen abgesehen, lediglich umgewandeltes Acetylen dar.

Der Wackerschellack ist nicht zu verwechseln mit den vielfach besonders während der Kriegszeit angewendeten Kunstharzen, die meist von Phenol und Formaldehyd ausgingen. Alle diese Phenolkunstharze gehören der aromatischen Reihe an und stellen gewissermaßen — was sie auch ursprünglich sein sollten — Ersatzstoffe für die natürlichen Kopale dar. Der Wackerschellack dagegen ist ebenso wie das Naturprodukt ein rein aliphatisches Harz.

Es steht zu hoffen, daß die nicht unbeträchtliche Einfuhr von Naturschellack im Laufe der Zeit vollständig durch ein aus inländischen Stoffen hergestelltes Produkt ersetzt werden kann, was im Interesse unserer Wirtschaft zu begrüßen wäre.

Die Eigenschaft des Acetylens sich unter bestimmten Voraussetzungen sehr leicht zu polymerisieren[1], wird in neuerer Zeit auch in größerem Maßstabe technisch ausgenutzt. Den *Lonzawerken*[2] ist es gelungen, ein lohnendes Verfahren auszubilden, um Cupren oder Carben technisch herzustellen. Wird das Carben in eine Kartonhülle eingefüllt und mit flüssiger Luft oder flüssigem Sauerstoff getränkt, so ergibt es einen Explosivstoff, dessen Sprengkraft sehr beträchtlich und etwa doppelt so groß ist wie diejenige von Dynamit an freier Luft[3]. Dieser Explosivstoff hat aber den großen Vorteil, daß er nur im Augenblick des Verbrauchs hergestellt werden kann, so daß keine Explosionen in den Lagerräumen zu befürchten sind und auch keine Spätzündungen bei sog. Blindgängern vorkommen können, da das zum Tränken der Patrone gebrauchte flüssige Gas rasch verdunstet, so daß die unexplodierte Patrone vollkommen ungefährlich ist.

Wie aus den in den vorhergehenden Abschnitten geschilderten Verfahren hervorgeht, ist das Acetylen wie kein anderer Kohlenwasserstoff in der Zukunft dazu berufen, auf dem Gebiete der organischen Großindustrie eine ausschlaggebende Rolle zu spielen. Der unermüdlichen Forscherarbeit wird es gelingen, Hindernisse, die sich der Anwendung des Acetylens als einem Ausgangsmaterial für die chemische Großindustrie noch in den Weg stellen, siegreich zu überwinden und auch noch weitere neue Anwendungsgebiete zu erschließen.

---

[1] Siehe S. 48.
[2] *Gandillon:* Vortrag, gehalten auf der Hauptversammlung des Deutschen Acetylenvereins am 14. September 1923; s. a. Autogene Metallbearbeitung 1923, Nr. 20.
[3] Vgl. *J. H. Vogel:* Das Acetylen, II. Aufl. (1923), S. 362.

Die Kalkstickstoffindustrie.
Herstellung des Kalkstickstoffs und seine Weiterverarbeitung.

Die Verwertung des Luftstickstoffs, d. h. seine Überführung in eine in der Praxis verwendbare Form, kann auf verschiedenen Wegen erfolgen:

Man kann Ammoniak unmittelbar aus seinen beiden Bestandteilen, Stickstoff und Wasserstoff, herstellen. Das Verfahren, mit dem die Namen *Haber* und *Bosch* aufs engste verknüpft sind, wird im großen Maßstab von der *Badischen Anilin- und Sodafabrik* durchgeführt.

Ferner ist es möglich, den Luftstickstoff unmittelbar mit Hilfe des elektrischen Lichtbogens zu Stickoxyden zu oxydieren: die nitrosen Gase werden weiter in Stickstofftetroxyd und schließlich in Salpetersäure und Calciumnitrat übergeführt. Am bekanntesten sind die Verfahren von *Birkeland-Eyde* und von *Schönherr*[1] geworden. Nach dem letztgenannten arbeitete die *Badische Anilin- und Sodafabrik*[2] in einer Anlage in Norwegen. Drittens kann man Stickstoff bei höheren Temperaturen an Metalle unter Bildung von Nitriden binden, die beim Zersetzen mit Wasser unter Druck Ammoniak liefern. Bekannter geworden ist von den verschiedenen nach diesem Gesichtspunkt arbeitenden Verfahren dasjenige von *Serpek*, der Aluminiumnitrid herstellt nach der Gleichung[3]:

$$Al_2O_3 + 3 C + 2 N = 2 AlN + 3 CO.$$

Die Umwandlung in Ammoniak erfolgt gemäß folgender Gleichung:

$$2 AlN + 3 H_2O = Al_2O_3 + 2 NH_3.$$

Es wird also bei diesem Verfahren neben Ammoniak reine Tonerde gewonnen.

Die Stickstoffbindung in Form von Nitriden anderer Elemente, wie Silicium, Titan, Cer, Magnesium, Calcium wirtschaftlich durchzuführen, scheint praktisch von geringem Erfolge geblieben zu sein.

Der vierte Weg, den Luftstickstoff in verwertbare Form überzuführen, beruht auf der Tatsache, daß dieser durch starke anorganische Basen bei Gegenwart von Kohlenstoff unter Bildung von Cyanverbindungen gebunden wird.

Schon 1835 machte *Dawes*[4] auf die Gegenwart von Cyankalium in den Schmelzen der Hochöfen aufmerksam; nach Einführung der Heißluftgebläse in der Hochofenindustrie beobachtete man das Ausschwitzen einer Salzmasse, welche neben Pottasche etwa 43% Cyankalium enthielt. *Bunsen* und *Playfair*[5] zeigten, daß in Hochöfen, in denen diese Bedingungen vorhanden sind, bedeutende Mengen von Cyanüren gebildet werden und daß beim Überleiten

---

[1] Zeitschr. f. angew. Chemie **21** (1908), 1635; Elektrotechn. Zeitschr. 1909, S. 366, 397.
[2] *Bernthsen:* Zeitschr. f. angew. Chemie **22** (1909), 1167.
[3] D. R. P. Nr. 224 628.
[4] *Brenemann:* Journ. Chem. Soc. **11**, Nr. 1 u. 2; Zeitschr. f. angew. Chemie **3** (1890), S. 173; *Lunge-Köhler:* Steinkohlenteer u. Ammoniak 1912, II, S. 71.
[5] Journ. f. prakt. Chemie **42** (1847), 397; Rep. Brit. Assoc. 1845; *Lunge-Köhler:* a. a. O.

von Stickstoff über eine hocherhitzte Mischung von Kohle und Pottasche Cyanidbildung eintritt. Anlagen, die auf *Bunsens* Veranlassung in Alfreton, Grenelle und später in Newcastle errichtet wurden, blieben unwirtschaftlich, weil die erforderliche Temperatur (volle Weißglut) einen überaus großen Verbrauch an Brennstoff und eine große Abnutzung der Apparatur zur Folge hatte. Trotzdem wurden in Alfreton in 24 Stunden etwa 100 kg Cyanide hergestellt[1].

Günstiger waren die Aussichten, als 1860 *Margueritte* und *Sourdeval*[2] feststellten, daß Bariumcarbonat bzw. Ätzbaryt im Verein mit Kohlenstoff viel reaktionsfähiger gegen Stickstoff sei als Pottasche. Wegen der Unschmelzbarkeit des Ätzbaryts wurde vor allem der Nachteil aufgehoben, der sich bei der Verwendung der Pottasche ergab, nämlich daß der innere Teil der Masse durch den geschmolzenen äußeren der Reaktion entzogen wurde. Weiter traten keine Verluste durch Verdampfen ein, und die Apparatur wurde nicht in dem Maße wie durch die Pottasche angegriffen. Das Cyanbarium war nur Zwischenprodukt und wurde sofort auf Ammoniak weiter verarbeitet, wobei Baryt wiedergewonnen wurde gemäß der Gleichung:

$$Ba(CN)_2 + 4 H_2O = 2 NH_3 + Ba(OH)_2 + 2 CO.$$

Das Verfahren scheint aber infolge von technischen Schwierigkeiten bald wieder aufgegeben worden zu sein; es wurde später von *L. Mond*[3] mit einer anderen Apparatur wieder aufgenommen, ist aber, trotzdem es in größerem Maßstabe versuchsweise durchgeführt wurde, doch nicht zur praktischen Verwertung gekommen, zumal es *Mond* gelungen war, Ammoniak billiger bei der Vergasung der Kohle im Generator zu gewinnen.

In neuerer Zeit ist das Verfahren von *Margueritte* und *Sourdeval* von der *Badischen Anilin- und Sodafabrik*[4] wieder aufgegriffen worden, wonach aus Bariumoxyd bzw. Bariumcarbonat, Kohle und Stickstoff Bariumcyanid und aus diesem durch Zersetzung mit Wasser Ammoniak hergestellt wird. Die dafür in Frage kommenden Patente sind: Franz. Pat. Nr. 372 714, Engl. Pat. Nr. 22 038, 1906; Amer. Pat. Nr. 914 468, D. R. P. Nr. 190 955. Nach dem D. R. P. Nr. 197 374 derselben Firma kann man Bariumcyanid aus Bariumcyanamid dadurch erhalten, daß man dieses bei Temperaturen unter 1200° mit kohlenstoffhaltigen Gasen (Kohlenwasserstoffen, Generatorgas u. dgl.) behandelt. Das Verfahren eignet sich besonders zur Umwandlung des nach dem Verfahren von *Margueritte* und *Sourdeval* stets neben dem Cyanbarium entstehenden Cyanamidbariums in Cyanid. Es wird in der Weise geführt, daß man das Reaktionsgemisch zunächst in üblicher Weise bei hoher Temperatur in ein Cyanid-Cyanamidgemisch überführt und hierauf während der Abkühlung die kohlenstoffhaltigen Gase einleitet. Der durch die Reaktionsgleichung $Ba(CN)_2 \rightleftarrows BaCN_2 + C$ dargestellte Vorgang vollzieht sich hierbei vermöge der hohen Aktivität der aus Kohlenwasserstoffen u. dgl.

---

[1] *Lunge-Köhler:* a. a. O.
[2] Compt. rend. de l'Acad. des Sc. **50**, 1000; Jahresber. über Fortschr. d. Chemie 1860, S. 224.
[3] D. R. P. Nr. 21 175; vgl. *Lunge-Köhler:* a. a. O.
[4] *Bernthsen:* Zeitschr. f. angew. Chemie **22** (1909), 1171; s. a. *Lunge-Köhler:* a. a. O.

abgeschiedenen Kohle von rechts nach links, während mit weniger aktiver Kohle und bei hohen Temperaturen die Cyanidspaltung überwiegt.

Die Erkenntnis der gleichzeitigen oder zwischenzeitlichen Bildung von Cyanamiden — im vorhergehenden Falle also von Bariumcyanamid — wurde erst in den Jahren 1895—1902 durch die Arbeiten von *Frank* und *Caro* gewonnen.

Eine wesentliche Förderung erfuhren die Versuche zur Bindung des Luftstickstoffs, als es gelang, Calciumcarbid in großen Mengen herzustellen.

Schon *Berthelot*[1] hatte im Jahre 1869 darauf hingewiesen, daß bei der Stickstoffbindung durch Kohle-Basengemische eine Reduktion der Base zu dem entsprechenden Metall stattfände, das sich unter Aufnahme von Kohlenstoff und Stickstoff in das entsprechende Metallcarbid und -nitrid verwandle. Durch weitere Aufnahme von Kohlenstoff und Stickstoff werde schließlich das Cyanid des entsprechenden Metalls gebildet. Wenn auch schon diese Erkenntnis vorhanden war, so konnte doch aus Mangel an technischen Methoden zur Herstellung von Carbiden im großen an eine Verwertung dieser Reaktionen zu damaliger Zeit nicht gedacht werden.

Durch die Betrachtungen *Berthelots* angeregt, versuchte *Moissan*, der bekanntlich gleichzeitig mit *Willson* die technische Herstellung des Calciumcarbids entdeckte, Stickstoff an Carbide zu binden, aber ohne Erfolg; er konnte nur feststellen, daß bis 1200° Calciumcarbid keinen, Bariumcarbid nur Spuren von Stickstoff aufnahm[2]. Wahrscheinlich beruhen diese Fehlergebnisse darauf, daß *Moissan* reine Carbide benutzte, während es den Anschein hat, als ob die Stickstoffbindung durch Carbide zu den Reaktionen gehöre, die durch die Anwesenheit von Katalysatoren beeinflußt, ja bedingt werden[3]. *Frank* und *Caro* gelang es nämlich, im Gegensatz zu *Moissan* Stickstoff an Carbide zu binden[4]. In den grundlegenden Patenten geben sie an, daß Bariumcarbid bei Verwendung von feuchtem Stickstoff und bei Anwesenheit von Ätzbaryt bei Dunkelrotglut (600—700°) in erheblichen Mengen Stickstoff zu binden vermag. Statt des Bariumcarbids kann man auch Calciumcarbid oder ein Gemisch beider verwenden. Technisches Bariumcarbid, das zu den Versuchen verwendet wurde, ergibt in der Hauptsache Bariumcyanid neben wenig Bariumcyanamid, während technisches Calciumcarbid, Stickstoff erst bei 1000—1100 reichlich bindet, und zwar in der Hauptmenge als Calciumcyanamid und in nur geringer Menge als Calciumcyanid.

---

[1] Annales de Chim. **150**, 60; Compt. rend. de l'Acad. des Sc. **67**, 141; Jahresberichte 1869, S. 260.

[2] *Moissan*, Compt. rend. de l'Acad. des Sc. **118**, 1894, S. 503, 685.

[3] *Berkold:* Dissert. Berlin 1908; *Caro:* Zeitschr. f. angew. Chemie **22** (1909), 1178.

[4] Darstellung von Cyaniden aus Carbiden: D. R. P. Nr. 88 363 (1895), Zus.-Patent Nr. 92 587 (1895), Zus.-Patent Nr. 95 660 (1896), Engl. Pat. Nr. 15 066 (1895), Franz. Pat. Nr. 249 539 (1895); Darstellung von Cyanamidsalzen: D. R. P. Nr. 108 971 (1898); Darstellung von Cyaniden: D. R. P. Nr. 116 087/88 (1898), Franz. Pat. Nr. 289 828 (1898), Engl. Pat. Nr. 25 475 (1898); Ammoniak aus Cyanamiden: D. R. P. Nr. 134 289 (1900); künstliche stickstoffhaltige Düngemittel: D. R. P. Nr. 152 260 (1901), D. R. P. Nr. 157 503 (1902), Franz. Pat. Nr. 319 897 (1902), Engl. Pat. Nr. 15 976 (1902), Engl. Pat. Nr. 17 507 (1902); Stickstoffverbindungen alkalischer Erden aus Carbiden: D. R. P. Nr. 203 308 (1907).

Beim Bariumcarbid geht die Reaktion also in der Hauptsache nach der Gleichung
$$BaC_2 + N_2 = Ba(CN)_2$$
beim Calciumcarbid nach der Gleichung
$$CaC_2 + N_2 = CaCN_2 + C$$
vor sich.

Die Reaktion verläuft exothermisch, d. h. das Carbid ist nur bis zu der Temperatur, bei welcher je nach dem Carbid die günstigste Stickstoffaufnahme erfolgt, zu erhitzen, später geht sie von selbst weiter, bis alles Carbid aufgebraucht ist.

Die Reaktionen sind indessen bei hoher Temperatur umkehrbar, und zwar so, daß bei etwa 1360° aus Calciumcyanamid und Kohle Carbid und Stickstoff entsteht:
$$CaC_2 + N_2 \rightleftarrows CaCN_2 + C \ [1].$$

Diese Umkehrbarkeit der Reaktion bedingt, daß es bis jetzt noch nicht gelungen ist, an das aus dem Carbidofen kommende flüssige Carbid ohne weiteres Stickstoff zu binden.

An Stelle der Carbide selbst können, allerdings bei sehr geringem technischem Effekt, auch die entsprechenden Carbidbildungsgemische verwendet werden, wobei die Reaktion nach folgenden Gleichungen [2] vor sich geht:
$$BaCO_3 + 3C + N_2 = Ba(CN)_2 + CO_2 + CO,$$
$$CaCO_3 + 3C + N_2 = CaCN_2 + 3CO.$$

Das technische Calciumcarbid, das jetzt ausschließlich zur Bindung des Stickstoffs als Calciumcyanamid verwendet wird, enthält neben Carbid noch wechselnde Mengen Kalk, Sulfide, Phosphide, Kohle, durch Wasser nicht zersetzliche Carbide [3]. Die Mengen dieser Verbindungen und ihre Art üben einen namhaften Einfluß auf die Stickstoffaufnahme aus, indem Dauer und Temperatur der Reaktion sowie die Menge des aufgenommenen Stickstoffs wesentlich hiervon abhängen. Auch die physikalische Beschaffenheit der Carbide übt eine nicht zu vernachlässigende Wirkung auf den Verlauf des Prozesses aus, so daß Carbide gleicher chemischer Zusammensetzung, jedoch in Öfen verschiedener Systeme hergestellt, sich bei der Stickstoffaufnahme ganz verschieden verhalten, ja, daß ein und dasselbe Carbid ein verschiedenes Verhalten zeigen kann, je nachdem es frisch vom Ofen oder nach längerer Lagerung angewendet wird.

Diese von den chemischen Bestandteilen sowie der physikalischen Beschaffenheit der Carbide herrührenden Unterschiede beim Stickstoffbindungsprozeß erklären den Umstand, warum verschiedene Forscher [4] gefunden haben, daß verschiedene Zusatzmittel zum Carbid eine Beschleunigung der Reaktion

---

[1] *Caro:* Zeitschr. f. angew. Chemie **22** (1909) 1179.
[2] *Berkold:* a. a. O. S. a. *Lunge-Köhler:* S. 80.
[3] *Caro:* a. a. O.
[4] *Polzenius:* D. R. P. Nr. 163 320; *Carlson:* Chemiker-Ztg. **30** (1906), 1261. Untersuchungen haben darüber angestellt: *Förster* u. *Jakoby:* Zeitschr. f. Elektrochemie **13** (1907), 101; *Bredig:* Zeitschr. f. Elektrochemie **13** (1907), 69, 605; *Rudolfi:* Zeitschr. f. anorg. Chemie **54** (1907), 170; *Kühling:* Ber. d. Deutsch. chem. Ges. **40** (1907), 310; *Kühling* u. *Berkold:* Ber. d. Deutsch. chem. Ges. **41** (1908), 28; Zeitschr. f. angew. Chem. **22** (1909), 193.

oder eine Herabsetzung der Reaktionstemperatur herbeizuführen vermögen. Nach *Caro* haben in den meisten Fällen diese Zusatzmittel, für die in der Hauptsache Halogenide (Calciumchlorid, Calciumfluorid) vorgeschlagen wurden, nur bewirkt, daß der ungünstige Einfluß dieses oder jenes Carbidbestandteiles oder der Carbidbeschaffenheit aufgehoben wurde. Die Technik der Herstellung von Calciumcyanamid bedarf solcher Zusätze nicht, da sie in der Lage ist, durch zweckentsprechende Zerkleinerung und andere mechanische Maßnahmen die Reaktion zu regeln, während die Herabsetzung der Reaktionstemperatur an sich von untergeordneter Bedeutung ist, weil, wie schon oben erwähnt, die Reaktion unter Freiwerden von Wärme verläuft. Da diese freiwerdende Wärme zur Fortführung des Prozesses selbst benutzt wird, tritt eine bis zur Umkehrung der Reaktion sich steigernde Erhitzung der Reaktionsmasse nicht ein, so daß die Reaktion nur in der nützlichen Richtung von Carbid zum Calciumcyanamid verläuft.

Die Herstellung des Calciumcyanamids, das im Handel auch Kalkstickstoff genannt wird, ist folgende[1]:

Das im elektrischen Ofen gewonnene Calciumcarbid läßt man aus bereits oben angegebenen Gründen zunächst abkühlen. Hierauf wird es erst auf eine Korngröße von ca. 2 mm gebracht und darauf in besonderen Feinmühlen bis zur Mehlfeinheit gemahlen[2]. Dabei ist darauf zu achten, daß ein gleichmäßiges, sehr feines Mehl erhalten und die Berührung mit Luft verhindert wird, da sonst durch die Luftfeuchtigkeit einerseits erhebliche Verluste eintreten, andererseits durch das entstehende Acetylen-Luftgemisch Explosionsgefahren herbeigeführt werden können. Die Mühlen sind daher völlig dicht gekapselt und mit Stickstoffüllung versehen.

Das Carbidmehl wird dann in geschlossenen Schraubenförderern gesammelt und durch Elevatoren zu den Fülltrichtern der Retorten der Azotieröfen gebracht. Diese Öfen bestehen aus unten geschlossenen Blechzylindern, die innen eine Auskleidung aus feuerfesten Ziegeln und außen eine Umkleidung aus wärmeisolierendem Material besitzen. In diese Öfen werden Einsätze (Retorten) aus durchlochtem Eisenblech eingesetzt, die mit dem feingemahlenen Carbid beschickt sind. Die Beschickung erfolgt in der Weise, daß in der Mitte ein zylindrischer Hohlraum freigelassen wird, um die Kohlenelektrode, die etwa 8—10 mm Durchmesser besitzt, einführen zu können.

Nachdem der Deckel auf den Ofen aufgesetzt ist, wird die Stickstoffzuleitung geöffnet und das Kohlenstäbchen durch den elektrischen Strom zum Glühen gebracht[3].

Dadurch wird das dem Kohlenstab zunächst befindliche Carbid erhitzt und es erfolgt nun von diesem Erhitzungspunkte aus durch Aufnahme von

---

[1] Vgl. *Caro*: Zeitschr. f. angew. Chemie **22** (1909), 1180; *Perlewitz*: Elektrotechn Zeitschr. **36**, H. 49, S. 645; s. a. Carbid u. Acetylen 1916, Nr. 22, 23, S. 102, 109; *Siebner* Berlin: Vortrag, gehalten am 16. September 1922 auf der Hauptversammlung des Deutschen Acetylenvereins.

[2] Über eine Untersuchungsmethode des Feincarbides, wie es zur Kalkstickstoff herstellung verwendet wird, siehe *J. H. Vogel*: Das Acetylen, II. Aufl. (1923), S. 65.

[3] Über den Kraftbedarf in Kalkstickstoffabriken siehe oben: *Perlewitz*.

Stickstoff die Umwandlung in Kalkstickstoff, und zwar von innen nach außen; da, wie schon erwähnt, die Reaktion exotherm verläuft, ist eine weitere Wärmezufuhr nicht nötig. Die Temperatur, bei welcher die Umwandlung erfolgt, beträgt nach *Perlewitz* 1100—1200°, nach *Siebner* 800—900°.

Das Ende des Umwandlungsprozesses, der etwa 30 Stunden dauert, ist daran zu erkennen, daß keine weitere Stickstoffaufnahme erfolgt. Festgestellt wird dies nach Abschalten der Stickstoffzufuhr durch ein am Ofen angebrachtes Manometer, das keinen Unterdruck mehr anzeigen darf.

Nach kurzer Abkühlung werden die rotglühenden Retorten mit dem nun zu einem festen Block zusammengesinterten Inhalt in eine Kühlhalle gebracht. Nach dem Auskühlen werden sie entleert, was sich leicht bewerkstelligen läßt, da durch den Umwandlungsprozeß eine Volumenverminderung eingetreten ist, und gehen nach dem Ofenhaus zurück. Der Kalkstickstoff wird zerkleinert, in besonderen Feinmühlen wieder auf Mehlfeinheit gebracht und gelangt von hier aus entweder in Vorratsbehälter oder aber in Mischmaschinen, in denen durch Anfeuchten mit Wasser noch vorhandenes Carbid beseitigt wird[1]. (Das sich hierbei entwickelnde Acetylen wird durch starke Ventilation entfernt.) Durch diese Behandlung mit Wasser erwärmt sich das Cyanamid aufs neue; es wird deshalb in einer rotierenden Trommel nochmals gekühlt und alsdann in einer weiteren Mischmaschine zur Verhinderung des Stäubens mit einigen Prozenten Abfallöl versetzt. Die Verpackung des nun versandfertigen Kalkstickstoffs erfolgt in Jutesäcken mit Papiereinlage.

Ein Haupterfordernis der Kalkstickstoffindustrie ist die völlige Reinheit des Stickstoffs. Erreicht wird dieselbe durch zwei Verfahren. Das eine Verfahren, das wohl zumeist angewendet wird, ist das von *Linde*, nach dem atmosphärische Luft zunächst von Kohlensäure befreit, dann durch Kälte und hohen Druck verflüssigt der fraktionierten Destillation unterworfen wird, wobei der flüssige Stickstoff verdampft und der Kalkstickstoffabrik im gasförmigen Zustand zugeführt wird. Dieser Stickstoff ist fast vollkommen rein und trocken sowie frei von schädlichen Beimengungen. Das andere gründet sich auf Beobachtungen von *Caro*[2], wonach die durch Verbrennung von Generatorgasen erhaltenen Restgase durch ein Gemisch von Kupfer und Kupferoxyd geleitet werden, wobei die in den Restgasen vorhandenen geringen Mengen von Sauerstoff und Kohlenoxyd gebunden werden, so daß, gleichgültig wie der Generatorprozeß geleitet wird, stets ein Gas erhalten wird, das aus einem Gemisch von Kohlensäure und Stickstoff frei von anderen Bestandteilen besteht. Die Kohlensäure wird in Rieseltürmen mit Wasser unter Druck ausgewaschen, sodaß nur noch Stickstoff übrig bleibt, der nach Abkühlen — zur Beseitigung der Feuchtigkeit — der Fabrikation zugeführt wird.

Das durch den oben geschilderten Prozeß erhaltene Produkt — der Kalkstickstoff — bildet an sich ein Düngemittel, das in der Landwirtschaft ohne

---

[1] Nach den Vorschriften der *Verkaufs-Vereinigung für Stickstoffdünger, Berlin*, darf versandfertiger Kalkstickstoff nicht mehr als 0,25% freies Carbid enthalten; vgl. Carbid u. Acetylen 1913, Nr. 10, S. 116.
[2] a. a. O. S. 1179.

weiteres angewendet wird. Sein wirksamer Bestandteil ist das Calciumcyanamid $CaCN_2$, dessen Struktur insofern nicht feststeht, als es bei einigen Reaktionen als die Calciumverbindung des Cyanamids $Ca = N-C \equiv N$, bei anderen als die Calciumverbindung des Diimids $C\underset{N}{\overset{N}{\diamondsuit}}Ca$ reagiert[1].

Außer Spuren von Calciumcarbid[2] enthält der technische Kalkstickstoff noch andere Stickstoffverbindungen wie Harnstoff, carbaminsauren Kalk, Guanidin, Dicyandiamid. Im frischen Kalkstickstoff sind die Mengen dieser Stoffe gering; in größeren Mengen treten sie indessen auf, wenn der Kalkstickstoff längere Zeit lagert oder wenn Wasserdampf auf ihn einwirkt.

Über die Untersuchungsmethoden des Kalkstickstoffs, besonders auf die Anwesenheit von Cyanamid, Dicyandiamid, Harnstoff usw., sind zahlreiche Veröffentlichungen erfolgt, auf die hier nur verwiesen werden soll[3].

Da der Kalkstickstoff den Stickstoff in sehr reaktionsfähiger Form enthält, ist die Herstellung einer ganzen Reihe chemischer Verbindungen möglich, die in Industrie und Landwirtschaft Verwendung finden.

Bei Einwirkung eines Überschusses von Wasserdampf oder Wasser im Autoklaven wird der Kalkstickstoff in Ammoniak umgewandelt[4], das entweder durch Schwefelsäure oder mit Gips und Kohlensäure in Ammoniumsulfat umgesetzt werden kann. Die Umwandlung des Kalkstickstoffs in Ammoniak hat insofern auch noch große Bedeutung erlangt, als es mit seiner Hilfe möglich ist, Salpetersäure zu gewinnen, in dem das Ammoniak in Gegenwart von Luft entweder nach dem Verfahren von *Ostwald* mit Platin als Katalysator oder nach dem Verfahren von *Frank-Caro*[5] mit einem Gemisch von Tellur- und Ceroxyd oder mit Thoroxyd[6] als Katalysator zu Salpetersäure oxydiert werden kann.

Jedoch muß das gewonnene Ammoniak noch einem Reinigungsprozeß unterworfen werden, da phosphor- und schwefelwasserstoffhaltige Verunreinigungen, die aus dem Carbid stammen, den Katalysator vergiften.

Baumann[7] hat vorgeschlagen den Kalkstickstoffbetrieb bzw. die Gewinnung von Ammoniak daraus mit dem Ammoniaksodaprozeß zu verbinden,

---

[1] *Caro:* a. a. O.

[2] Untersuchungen über den Gehalt an Calciumcarbid s. Carbid u. Acetylen 1913, Nr. 10, S. 118, Nr. 16, S. 177.

[3] *A. Stutzer* u. *Söll:* Zeitschr. f. angew. Chemie **23** (1910), 1873; Chem.-Ztg. **35** (1911), 694; *Caro:* Zeitschr. f. angew. Chemie **23** (1910), 2405; *Monnier:* Chem.-Ztg. **35** (1911), 601; *Kappen:* Chem.-Ztg. **35** (1911), 950; *von Feilitzen* u. *Lugner:* Chem.-Ztg. **35** (1911), 985; *Dinslage:* Chem.-Ztg. **35** (1911), 1045; *Kirchhoff:* Chem.-Ztg. **36** (1912), 1058; *Hals:* Mitteil. d. Deutschen Landw.-Gesellsch. 1915, S. 573; *Hager* u. *Kern:* Zeitschr. f. angew. Chemie **29** (1916), 221, 309; **30** (1917), 53; s. a. Carbid u. Acetylen 1917, Nr, 5, S. 22; Nr. 6, S. 26; *Liechti* u. *Truninger:* Chem.-Ztg. **40** (1916), 365; *Truninger:* ebenda S. 812; s. a. Carbid u. Acetylen 1916, Nr. 11, S. 54; *Kappen:* Zeitschr. f. angew. Chemie **31** (1918), 31; *Hene* u. *van Haaren:* Zeitschr. f. angew. Chemie **31** (1918), 129; *von Dafert* u. *Miklauz:* Zeitschr. f. landwirtsch. Versuchswesen in Österreich 1919, Sonderabdruck, S. 1; Chem.-Ztg. **43** (1919); Chem.-techn. Übersicht S. 212.

[4] D. R. P. Nr. 134 289.

[5] Zeitschr. f. angew. Chemie **22** (1909), 1189.

[6] D. R. P. Nr. 224 329; Zeitschr. f. angew. Chemie **23** (1910), 2098.

[7] Chem.-Ztg. **44** (1920), 158.

wobei Abfallprodukte zweckmäßige Verwendung finden können, und zwar entweder dadurch, daß das aus dem Kalkstickstoff abgespaltene Ammoniak in den Sodaprozeß eingeführt und als Chlorammonium wieder aus dem Prozeß gezogen wird. Es würden dadurch die Mengen Kalk gespart, die man zur Wiedergewinnung des freien Ammoniaks durch Zersetzen des gewonnenen Chlorammoniums brauchte. Natürlich muß man dann frisches, aus Kalkstickstoff gewonnenes Ammoniak wieder in den Betrieb einführen.

Ein anderer Weg wäre der, daß man die bei dem Sodaprozeß anfallenden Ablaugen dazu verwendet, das aus Kalkstickstoff erhaltene Ammoniak an Salzsäure zu binden, indem man in diese Ablaugen, die Chlorcalcium gelöst enthalten, Ammoniak und Kohlensäure einleitet und dabei Chlorammonium und kohlensauren Kalk gewinnen würde. Chlorammonium wäre zur Herstellung von Mischdünger in der Superphosphattechnik gut zu gebrauchen.

Einem anderen Produkt, das aus Kalkstickstoff hergestellt werden kann[1], scheint noch eine bedeutende Zukunft beschieden zu sein, nämlich dem Harnstoff. Dieser sowohl als auch seine Abkömmlinge sind sehr gute Stickstoffdünger dank ihrer schnellen Wirkungsfähigkeit, ihren chemischen Eigenschaften und ihrem hohen Gehalt an assimilierbarem Stickstoff; der Harnstoff enthält z. B. davon 46%. Die Herstellung an sich ist der Kalkstickstoffindustrie wohl gelungen, doch scheinen die Gestehungskosten vorläufig so hoch zu sein, daß sich die Herstellung im Großbetrieb noch nicht lohnt[2].

Die Überführung des Kalkstickstoffammoniaks in salpetersauren Harnstoff hat in neuerer Zeit lebhaftes Interesse gefunden. Nach einem Verfahren von *Immendorf* und *Kappen* arbeitet die *Gesellschaft für Stickstoffdünger in Knapsack*. Sehr einfach läßt sich die Überführung nach D. R. P. Nr. 265 259, das *Baumann*[3] für den österreichischen Verein für chemische und metallurgische Produktion in Aussig ausgearbeitet hat, gestalten. Dasselbe beruht darauf, daß sehr konzentrierte Lösungen von Cyanamid unmittelbar mit verdünnter Salpetersäure versetzt werden, wobei der in der Mutterlauge sehr schwer lösliche salpetersaure Harnstoff ausfällt.

Zur Darstellung von Harnstoff verfährt man so, daß man den wässerigen Auszug des Kalkstickstoffs, der alkalisch reagiert, mit so viel Schwefelsäure ansäuert, daß die Säure im Überschuß vorhanden ist, und die Lösung längere Zeit erwärmt[4]. Dann wird gemäß der Gleichung

$$CNNH_2 + H_2O = CO{<}{NH_2 \atop NH_2}$$

---

[1] D. R. P. Nr. 301 262, Kl. 12o vom 22. März 1916; Nr. 301 263, Kl. 12o vom 25. März 1916; Nr. 346 066, Kl. 12o vom 22. März 1916; *der Akt.-Ges. für Stickstoffdünger, Knapsack*; D. R. P. Nr. 301 278, Kl. 12o vom 17. März 1916; *der Farbwerke vorm. Meister, Lucius u. Brüning*, Vgl. Chem.-Ztg. **45** (1921); Chem.-techn. Übersicht S. 12, **46** (1922); Chem.-techn. Übersicht S. 82, 145.

[2] *Gandillon:* Vortrag, gehalten auf der Hauptversammlung des Deutschen Acetylenvereins am 14. September 1923; s. a. Autogene Metallbearbeitung 1923, Nr. 20, S. 253.

[3] Chem.-Ztg. **44** (1920), 159.

[4] D. R. P. Nr. 239 309 der *Stockholms Superfosfatfabriks. A.-B.*

das in der Lösung befindliche Cyanamid in Harnstoff übergeführt. Die Geschwindigkeit der Harnstoffbildung wird erhöht, wenn gewisse Katalysatoren in der Lösung vorhanden sind[1].

Eine Genfer Gesellschaft hat zur Lösung dieses Problems einen anderen Weg eingeschlagen, indem sie auf den Gedanken kam, die Umwandlung des Kalkstickstoffs mit der Fabrikation von Superphosphat zu verbinden[2]. Kalkstickstoff wird hiernach zuerst mit Kohlensäure behandelt, um den Kalk und die metallischen Verunreinigungen zu entfernen. Dann wird er der Einwirkung einer Säure, z. B. Schwefelsäure, ausgesetzt, die einerseits als Katalysator wirkt und andererseits unlösliches Calciumtriphosphat in lösliche Phosphate umwandelt. Man erhält somit einen harnstoffhaltigen Phosphordünger, der sich als „Phosphazot" in den Handel vorzüglich eingeführt hat.

Sowohl die in den agrikulturchemischen Versuchsanstalten vieler Länder angestellten Versuche wie auch zahlreiche praktische Düngeergebnisse haben den Beweis erbracht, daß das Phosphazot bezüglich seiner Düngewirkung den bisher bekannten Mischdüngern weit überlegen ist.

Die gleiche Umwandlung des Kalkstickstoffs in Harnstoff bildet den Gegenstand eines weiteren Verfahrens der genannten Genfer Gesellschaft, die neuerdings in Form des „Vitazot" ein humushaltiges Harnstoffdüngemittel darstellt, welches auch überall dort ohne weiteres zugänglich ist, wo Mangel an Phosphat herrscht.

Am zweckmäßigsten ist es nach *Baumann*[3], das Ammoniak des Kalkstickstoffs in Ammoniumbicarbonat (NH_4HCO_3) überzuführen. Die Herstellung dieses Salzes mache keine ernsten Schwierigkeiten. Bei Düngungsversuchen habe es sehr günstige Ergebnisse gezeitigt. Der Stickstoff habe dieselben Wirkungen wie beim Ammonsulfat, während der Kohlensäuregehalt günstig auf Stengel- und Blattbildung wirke. Natürlich ist die Herstellung dieses Salzes an das Vorhandensein billiger Kohlensäurequellen gebunden und setzt voraus, daß dieses Düngemittel für sich allein zur Anwendung kommt, da es zur Herstellung von Superphosphat-Mischdünger nicht brauchbar ist.

Unter den Umwandlungsprodukten des Kalkstickstoffs bzw. des Cyanamids spielt das Dicyandiamid ($C_2H_4N_4$) eine besondere Rolle; es kann erhalten werden beim Auslaugen von Calciumcyanamid mit heißem Wasser, wobei es in charakteristischen Krystallen sich ausscheidet[4].

$$2\,CaCN_2 + 4\,H_2O = 2\,Ca(OH)_2 + (CN_2H_2)_2\,.$$

---

[1] *Immendorff* u. *Kappen*: D. R. P. Nr. 254 474, 256 524, 256 525, 257 642, 257 643 vgl. *Grube* u. *Nitzsche*: Zeitschr. f. angew. Chemie **27** (1914), 368.

[2] *Gandillon*: a. a. O.

[3] a. a. O. D. R. P. Nr. 313 827.

[4] Über die technischen Methoden zur Gewinnung von Dicyandiamid aus Kalkstickstoff vom Standpunkt der chemischen Kinetik haben *Grube* und *Nitsche* eingehende Untersuchungen angestellt. Zeitschr. f. angew. Chemie **27** (1914), 368. — Patente zur Herstellung von Dicyandiamid sind folgende: D. R. P. Nr. 252 273 d. Österreich. Verein für chemische u. metallurgische Produktion; D. R. P. Nr. 257 769: *Immendorf* u. *Kappen*

Man kann die Bildung des Dicyandiamids sich durch Polymerisation aus Cyanamid erklären etwa in ähnlicher Weise wie die Aldolbildung aus Acetaldehyd[1].

$$CH_3COH + CH_3COH = CH_3CH(OH)-CH_2CHO,$$
$$NH_2CN + NH_2CN = NH_2C(NH)-NHCN,$$

wobei das Dicyandiamid als ein Cyanguanidin erscheint, indem ein Amidwasserstoff des Guanidins durch die Cyangruppe ersetzt ist.

Durch Kondensationen mit β-Ketonsäureestern und Aldehydsäureestern werden Uracilderivate (Oxypyrimidine) gebildet, wobei der Ringschluß dadurch zustande kommt, daß ein Wasserstoff der Amidogruppe des Dicyandiamids mit der Hydroxylgruppe des Esters unter Bildung von Wasser und das Wasserstoffatom der zweiten Amidogruppe mit dem Äthoxyl des Esters als Alkohol austreten.

$$
\begin{array}{c}
R \\
| \\
C(OH) \\
\| \\
CH \\
| \\
COOC_2H_5
\end{array}
+
\begin{array}{c}
H_2N \\
\diagdown \\
CN \cdot CN \\
\diagup \\
H_2N
\end{array}
= H_2O + C_2H_5OH +
\begin{array}{c}
R \\
| \\
C-NH \\
\| | \\
CH C\cdot N\cdot CN \\
| | \\
CO-NH
\end{array}
\rightarrow
\begin{array}{c}
R \\
| \\
C-N \\
\| \| \\
CH C\cdot NH\cdot CN \\
| | \\
OH\cdot C = N
\end{array}
$$

Cyanimido — R — Uracil   Cyanamido — R — Oxypyrimidin

Diese Reaktion machte es im Gegensatz zu der ersten Annahme wahrscheinlich, daß im Dicyandiamid zwei Amidogruppen vorhanden sind und die Cyangruppe ein Imidwasserstoff im Guanidin vertritt[2]. Die Cyangruppe kann in die Carbaminogruppe ($CONH_2$) übergeführt werden.

Diese Körper gehören ebenso wie Xanthin, Theobromin, Coffein der Harnsäuregruppe an, so daß man auch auf diese Weise vom Kalkstickstoff aus zu pharmazeutisch wichtigen organischen Verbindungen gelangen kann.

Dicyanamid hat auch Anwendung als Zusatzstoff in der Sprengstofftechnik gefunden, und zwar an Stelle von Ammoniumoxalat, das es in seiner Wirkung als Abkühlungs- und flammentötendes Mittel noch übertreffen soll[3]. *Baumann*[4] empfiehlt es auch zur Herstellung von Sicherheitssprengstoffen.

Durch Kondensation mit Formaldehyd bei Gegenwart von Schwefelsäure soll ein dem Gummi arabicum gleichwertiger Klebstoff erhalten werden[5].

Eine andere technisch wichtige Umwandlung des Kalkstickstoffs beruht in der Darstellung von Cyaniden. Der Prozeß der Cyanidbildung besteht darin, daß das Calciumcyanamid im Schmelzfluß, der durch Zusatz von Kochsalz oder anderen Stoffen bewirkt wird, Kohlenstoff aufnimmt gemäß der Gleichung:

$$CaCN_2 + C = Ca(CN)_2.$$

Da nun Kalkstickstoff nach der auf Seite 111 gegebenen Bildungsgleichung an sich Kohlenstoff enthält, so ist bei der technischen Herstellung nur ein Zusatz von Schmelzmittel notwendig, um die Bildung von Cyanid zu bewirken.

---

[1] *Pohl:* Dissertation. Dresden 1905.
[2] *Pohl:* a. a. O.
[3] *Caro:* a. a. O. 1909, S. 1182.
[4] Chem.-Ztg. 44 (1920), 474.
[5] *Wallasch:* D. R. P. Nr. 323 665, Kl. 22i vom 20. April 1919; Chem. Zentralbl. 1920 IV, 475.

Das Cyanid zeigt bei der Bildung das Bestreben sich in Cyanamid und Kohle zu zersetzen, so daß besondere Vorkehrungen getroffen werden müssen, um diese Rückbildung zu verhüten. Praktisch sind diese Schwierigkeiten längst überwunden, so daß jetzt die Umwandlung vom Cyanamid in Cyanid fast quantitativ erfolgt. Aus der erhaltenen Schmelze wird reines Cyanid gewonnen, das in Form von Briketts in den Handel gelangt[1]. Natrium- oder Kaliumcyanid wird bekanntlich u. a. in größeren Mengen bei der Goldgewinnung gebraucht.

In den Vereinigten Staaten von Nordamerika werden nach diesem Verfahren große Mengen (etwa 25 000 t) Rohcyanid mit rund 50% NaCN-Gehalt erzeugt, das infolge seines billigeren Preises vielfach das reine Cyanid in der Gold- und Silberlaugerei als auch bei der Erzeugung von Blausäure für Schädlingsbekämpfung verdrängt hat[2].

Aus Kalkstickstoff wird ferner ein sehr beliebtes Härtemittel dargestellt[3].

Wirtschaftliches über Kalkstickstoff.

Nach dem oben geschilderten Verfahren wurde im Jahre 1904 die erste Kalkstickstoffabrik mit einer Jahresleistung von 3000 t erbaut. Heute besitzen die Kalkstickstoffabriken der ganzen Welt eine Leistungsfähigkeit von etwa 2 Millionen Tonnen Kalkstickstoff.

In Deutschland[4] besitzen wir ein Werk in Piesteritz bei Wittenberg, die *Mitteldeutschen Stickstoffwerke A.-G.*, mit einer Leistungsfähigekit von 175 000 t jährlich, in Trostberg in Oberbayern die *Bayerischen Stickstoffwerke A.-G.* mit einer Jahresleistung von etwa 80 000 t Kalkstickstoff. Ein drittes Werk besaßen wir in Chorzow in Oberschlesien (*Oberschlesische Stickstoffwerke A.-G.*) mit einer Jahresleistung von 150 000 t, das indessen im Jahre 1920 an Polen gefallen ist, von denen es aber bereits so heruntergewirtschaftet wurde, daß es im Frühjahr 1923 völlig zum Erliegen kam[5]. Außer diesen Werken stellt das Werk Waldshut in Baden der *Lonzawerke A.-G.*, das im Jahre 1915 in Betrieb kam, bedeutende Mengen Kalkstickstoff her; während das Werk Knapsack der *Aktiengesellschaft für Stickstoffdünger*, das früher ebenfalls Kalkstickstoff herstellte, Carbid jetzt hauptsächlich für die Herstellung chemischer Produkte aus Acetylen (Aceton usw.)[6] verwendet.

Da der Kalkstickstoff etwa 18—20% Stickstoff enthält, auf Grund dessen er gehandelt wird, ist also etwa ein Fünftel der oben angegebenen Zahlen als Leistungsfähigkeit der Fabriken an reinem Stickstoff anzusetzen.

Welche große Bedeutung die Stickstoffindustrie im allgemeinen und somit auch die Kalkstickstoffindustrie für Deutschland besitzt, geht aus folgenden Angaben hervor.

---

[1] *Caro:* a. a. O. 1909, S. 1182.
[2] *Siebner:* Vortrag, gehalten am 16. September 1922 auf der Hauptversammlung des Deutschen Acetylenvereins.
[3] *Siebner:* a. a. O.
[4] *Siebner:* a. a. O.
[5] *Caro:* Vortrag, gehalten auf der Hauptversammlung des Deutschen Acetylenvereins 1923; s. a. Autogene Metallbearbeitung 1923, Nr. 22.
[6] Siehe S. 99.

Der Vorkriegsbedarf der Landwirtschaft, die den größten Teil des Stickstoffs bezog, betrug nach *Heß*[1] etwa:

93 000 t Stickstoff als Chilesalpeter
6 000 t Stickstoff als Norgesalpeter
95 000 t Stickstoff als Ammonsulfat, hauptsächlich aus Kokereien und Gasanstalten
8 000 t Stickstoff als Kalkstickstoff
───────────
202 000 t Stickstoff

während *Siebner*[2] dafür etwa 220 000 t angibt, und zwar:

100 000 t Stickstoff als Chilesalpeter
95 000 t Stickstoff als Ammonsulfat
20 000 t Stickstoff als Kalkstickstoff
5 000 t Stickstoff aus sonstigen organischen Düngemitteln
───────────
220 000 t Stickstoff

In beiden Fällen mußten also etwa 100 000 t Stickstoff in Form von Chilesalpeter und Norgesalpeter vom Ausland eingeführt werden.

In verschiedenen Jahren betrug die Belieferung der deutschen Landwirtschaft mit Stickstoff[3]:

1913	1917	1918	1919	1920
210 000	92 000	115 000	159 200	212 000 t

Im Jahre 1920 hatte danach die Stickstoffbelieferung die Vorkriegsziffer wieder erreicht, während die Stalldüngermenge 1919 gegen 1913 um 260 000 t Stickstoff infolge der Verringerung unseres Viehbestandes zurückgegangen ist[4]. Es ergibt sich somit, daß auch dieser Fehlbetrag durch andere Stickstoffdüngemittel gedeckt werden muß, so daß im ganzen etwa 400 000 t Stickstoff der Landwirtschaft zur Verfügung gestellt werden müssen, um nur die Erntemenge des Jahres 1913 aufrechtzuerhalten[5].

Für das Düngejahr 1922/1923 wurde die Erzeugung von künstlichem Stickstoffdünger folgendermaßen geschätzt[6]:

75 000 t Stickstoff aus Kokereien und Gasanstalten
40 000 t Stickstoff aus Kalkstickstoff[7]
210 000 t Stickstoff aus synthetischen Ammoniaksalzen
15 000 t Stickstoff aus sonstigen Düngemitteln
───────────
340 000 t Stickstoff

---

[1] Verwendung elektrischer Energie zu chemischen Zwecken. Vortrag, gehalten auf dem Verbandstag des Verbandes Deutscher Elektrotechniker. München, 29. Mai 1922; Elektrotechn. Zeitschr. 1922; Chem. Ind. 45 (1922), Nr. 34, S. 522.
[2] a. a. O.
[3] *Heß:* a. a. O.
[4] Denkschrift des preußischen Landwirtschaftsministeriums zur Frage der Volksernährung. 1920/6: 1913 Stalldünger: 450 000 t N, 510 000 t P_2O_5; 1919: 190 000 t N, 200 000 t P_2O_5; vgl. *Heß:* a. a. O.
[5] Inzwischen hat sich die Stalldüngermenge durch Verbesserung unseres Viehbestandes wieder erhöht.
[6] Sitzung betr. allgem. Düngerangelegenheiten im preußischen Landwirtschaftsministerium v. 16. Juni 1922; s. a. *Siebner:* a. a. O.
[7] Für das Jahr 1923 geschätzt auf 50 000 t, für 1924 auf 70 000 t.

Von diesen 340 000 t hätten in früherer Zeit 250 000 t aus dem Auslande eingeführt werden müssen, da diese Menge ohne die Verfahren der Luftstickstoffbindung in Deutschland nicht hätten aufgetrieben werden können.

Um uns nun aber im Bezug von Nahrungs- und Futtermitteln vom Auslande unabhängiger machen zu können, müssen wir bestrebt sein, unsere landwirtschaftliche Erzeugung gegenüber dem Jahre 1913 noch weiter zu erhöhen, zumal die höchste Aufnahmefähigkeit des Bodens für Stickstoffdüngung noch nicht erreicht ist[1]. Wenngleich Deutschland an spezifischer Düngemittelzufuhr ziemlich an erster Stelle stand und nur von Belgien, Luxemburg und Holland darin übertroffen wurde[2], so sind innerhalb des Landes die spezifischen Stickstoffgaben, die im Mittel 6—7 kg auf 1 ha betragen haben, in den einzelnen Landesteilen recht verschieden. An erster Stelle stand 1920 die Rheinprovinz mit 14,8 kg Stickstoff je Hektar landwirtschaftlich benutzter Fläche, dann folgen die Provinz Sachsen und Westfalen mit 11 bzw. 10 kg Stickstoff je Hektar, an vorletzter Stelle steht Bayern mit 2,45 kg und an letzter Ostpreußen mit 1,2 kg Stickstoff; beides sind Gegenden mit stärkerer Viehwirtschaft[3]. Es ist natürlich schwierig, den größten Stickstoffbedarf Deutschlands genau vorauszusagen, doch dürfte eine Bedarfsmenge von mindestens 500 000 t Stickstoff in absehbarer Zeit notwendig erscheinen. Davon können bis jetzt, normale Weiterentwicklung vorausgesetzt, etwa zur Verfügung gestellt werden:

300 000 t durch das *Haber-Bosch*-Verfahren
70 000 t durch die Kalkstickstoffwerke
75 000 t durch Kokereien und Gasanstalten
15 000 t durch sonstige organische Düngemittel
460 000 t

Von diesen ist der Bedarf der chemischen Industrie in Abzug zu bringen, so daß der Landwirtschaft augenblicklich 350 000—400 000 t zur Verfügung stehen würden. Beachtet man, daß diese gewaltige Menge in Deutschland mit einheimischen Rohstoffen hergestellt wird, daß ferner die Landwirtschaft in der Lage ist, damit die Erzeugung an Nahrungs- und Futtermitteln zu steigern, so daß wir auch hierin vom Auslande unabhängiger werden, so dürfte die große Bedeutung der gesamten Luftstickstoffindustrie, an der die Kalkstickstoffindustrie im hohen Maße beteiligt ist, für die deutsche Volkswirtschaft eindeutig bewiesen sein, ganz abgesehen davon, daß vornehmlich durch die Kalkstickstoffindustrie im Calciumcyanamid der chemischen Industrie ein aus einheimischen Rohstoffen hergestelltes Produkt zur Verfügung gestellt wird, aus dem wertvolle organisch-chemische Verbindungen gewonnen werden können.

---

[1] Bei normaler Stickstoffdüngung kann angenommen werden, daß 1 kg Stickstoff 20 kg Körnerfrucht, 100 kg Kartoffeln Mehrertrag liefert. *Heß*: a. a. O.
[2] Kunstdünger auf 1 ha Belgien 274 kg, Luxemburg 201 kg, Niederlande 196 kg, Deutschland 168 kg, Österreich 29 kg, Rußland 6 kg, Argentinien 0,3 kg.
[3] *Heß*: a. a. O.

Namenverzeichnis

Ahrens 9, 33.
Aktiengesellschaft für Anilin-Fabrikation 106.
— für Stickstoffdünger 115, 118.
Alexander 48.
Altschul 16.
Andrew, s. Bone u. — 38, 45.
Angelucci 41.
Anschütz 16.
Ansdell 15.
Arth 27.

Badische Anilin- u. Sodafabrik 61, 86, 91, 98, 108, 109.
Baeyer, von 17, 35, 36.
Baschieri 43, 44.
Basset 28.
Baud 30, 31, 51.
Baum 83.
Baumann 114, 115, 116.
Bayerische Stickstoffwerke 118.
Béhal 39, 40.
Bellamy 44.
Berend 35.
Bergé u. Reychler 29.
Berger & Wirth 64, 69.
Bergmann 43.
Berlin-Anhaltische Maschinenbau-A.-G. 70.
Berkenbusch 13.
Berkold 110, 111.
Bernthsen 108, 109.
Berthelot 7, 9, 13, 17, 18, 19, 21, 22, 23, 24, 31, 34, 35, 37, 39, 40, 41, 43, 44, 46, 47, 53, 54, 110.
— u. Délepine 25, 27.
— u. Vieille 7, 8, 9, 16, 69.
— u. Jungfleisch 52, 56, 58, 61.
Bevan, s. Croß, Bevan u. Heiberg 43.
Biginelli 29.
Bilitzer 21, 32.
Biltz 35, 36.
— u. Küppers 36.
— u. Mumm 29, 72.
Birkeland-Eyde 108.
Birnbaum 21.
Bladgen 38.
Blake, s. Thompson, Gonzalez u. — 23.

Blochmann 19, 23, 24.
Böttger 18, 19.
Bosch 108, 120.
Bone 19, 45, 47.
— u. Andrew 38, 45.
— u. Coward 19.
— u. Jerdan 19, 40.
— u. Wheeler 19.
Bosnische Elektrizitäts-A.-G. 11.
Bouchardt 47.
Bourcart 83.
Bourget, s. Chevalier u. — 32.
Bourgoin 20.
Bräunig, s. Wohl u. — 44.
Brame 28.
Bredig 18, 111.
Brenemann 108.
Brinner u. Durand 41.
Brochet u. Cambier 83.
Bunsen 109.
— u. Playfair 108.

Cailletet 15.
Cambier, s. Brochet u. — 83.
Capelle 41.
Carbonium 69, 70.
Carlson 111.
Caro 3, 7, 8, 13, 43, 44, 48, 65, 110, 111, 112, 113, 114, 117, 118.
Cazeneuve 20.
Chapman & Jenkins 29, 72.
Charitschkow 50.
Chatelier, le 9, 11, 45, 51.
Chavastelon 21, 25, 27.
Chem. Fabrik Rhenania 41.
Chevalier u. Bourget 32.
Claisen 21, 95.
Claude 8.
— u. Heß 14, 15.
Clowes 9.
Coblentz 13.
Coehn 44.
Consonno u. Cruto 42.
Consortium für elektrochemische Industrie 52, 56, 58, 61, 63, 75, 80, 81, 85, 92, 95, 96, 98.
Cottrell 23.

Coward, s. Dixon u. — 13; Bone u. — 19.
Croß, Bevan u. Heiberg 43.
Crova 27.
Culbertson, s. Ross, — u. Parsons 32.
Cruto, s. Consonno u. — 42.

Dafert 31.
Dafert von u. Miklauz 114.
Danneel 80.
Davy 19.
Dawes 108.
Délepine 11, s. Berthelot u. — 25, 27.
Deprez 38.
Destrem 18.
Dewar 18, 41.
Dinslage 114.
Dixon, s. Maquenne u. — 7.
— u. Coward 13.
Dow Chemikal Co. 64.
Duisberg 103.
Duparc 101.
Durand, s. Brinner u. — 41.

Eggert 28.
Eidgenössische Prüfungsanstalt für Brennstoffe 8, 14.
Eitner 11.
Elbs u. Neumann 34.
Elektrizitätswerk Lonza 79, 80, 90, 91, 97, 99, 101, 103, 107, 118.
Eltekow 38, 72 s. auch Lagermark u. — 39, 40.
Erdmann 13, 23, 31, 39, 48.
— u. Köthner 22, 29, 30, 39, 48, 50, 72.
— u. Makowka 23, 30.

Fajans 7.
Faraday 63.
Farbenfabriken vorm. Friedrich Bayer & Co. 39, 77, 87, 96, 103, 105.
Feilitzen, von u. Lugner 114.
Feuchter 43.
Fiesel 13.
Fischer, s. Scheibler u. — 47.
Fischer 61.
Fittig 19.
Förster u. Jakoby 111.
Fornasir, s. Ruzicka u. — 22.
Forsythe, s. Hyde u. — 13.
Frank 3, 45, 65, 67, 69, 110, 114.
Freund u. May 24.
Friedel-Krafft 20.

Gabriel 21.
Gandillon 34, 48, 97, 107, 115, 116.
Gerdes 7, 8, 27.

Goldberg, s. Ullmann u. — 43.
Gonzalez, Thompson, — u. Blake 23.
Gooch u. de Forest Baldwin 48.
Gräfe 13.
Gray 34.
Greef & Co. 64.
Gréhant 9, 45.
Griesheim-Elektron 55, 68, 75, 79, 85, 88, 98, 105, 106.
Grittner 27.
Grob, s. Chem. Fabrik Rhenania, Stuer u. — 41.
Großmann 63.
Grube u. Nitsche 116.
Grünstein 73, 74, 75, 79, 85, 88, 89, 98.
Guntz 22.

Haber 7, 46, 108, 120.
— u. Hodsmann 13, 45.
Hager u. Kern 114.
Haller 20.
Hals 114.
Harries 104.
Heiberg, s. Croß, Bevan u. — 43.
Heinemann 50.
Heiser, s. Kearns, — u. Nieuwland 29, 44.
Hene u. van Haaren 114.
Henrich 20.
Herzog, s. Henrich u. — 20.
Heß, s. Claude u. — 14, 15.
Heß, J. 100, 106, 119, 120.
Heuse 13.
Hilpert 50.
Hodgkinson 21.
Hodsmann, s. Haber u. — 13, 45.
Höchster Farbwerke 61, 73, 77, 94, 98, 115.
Hönel, s. Kremann u. — 14.
Hoepner 92.
Holzverkohlungs-Industrie A.-G. Konstanz 55.
Hofmann, K. A. 16, 29, 33, 62, 72.
— u. Küspert 25.
— u. Kirmreuther 33, 34, 37.
Hofsäß, s. Ubbelohde u. — 14.
Hohenegger, s. Paal, — u. Schwarz 49.
Homolka u. Stolz 35.
Howell u. Noyes 37.
Hubbuch, s. Koenig u. — 41.
Hubou 65, 69.
Hutton, s. Pring u. — 18.
Hyde 13.

Imbert 61, s. a. Levinstein u. — 61.
Immendorf u. Kappen 115, 116.
Intosh, Mc. 5, 40.

Jahn 20, 21.
Jakoby, s. Förster u. — 111.
Janet 8.
Janke 100.
Jaubert 35.
Jenkins, s. Chapmann u. — 29.
Jerdan, s. Bone u. — 19, 40.
Jotsitch 42.
Jowitschitsch 47.
Jungfleisch, s. Berthelot u. — 52, 56, 58, 61.
Junkers 13.

Kannonikow 12.
Kappen 114, s. a. Immendorff u. — 115, 116.
Karo 42.
Kaufmann, H. P. 47.
— u. M. Schneider 48.
Kearns, Heiser u. Nieuwland 29, 44.
Keiser 23, 27, 28, 35.
— u. Le Roy Mc Master 17.
Kekulé 20.
Keller, M. 59.
Kinberg 32.
Kindler 31.
Kirchhoff 114.
Kirmreuther, s. Hoffmann u. — 29, 33, 34, 37.
Klary 36.
Kletzinsky 19.
Knickenberg, s. Terres, — 9.
Knorr 21.
Koenig u. Hubbuch 41.
Koetschau 31, 42, 104.
Köhler 71, s. a. Lunge — 108, 109, 111.
Köthner 29, s. a. Erdmann u. — 22, 29, 39, 48, 50, 72.
Kolbe 20.
Krager, s. Terres, — 9.
Kremann u. Hönel 14.
Krügel, s. Ladenburg u. — 15.
Krüger 31.
— u. Pückert 28, 37, 39.
Kühling 111.
Küppers, s. Biltz u. — 36.
Küspert 21, 27, s. a. Hofmann u. — 25.
Kusnezow 49.
Kutscherow 20, 28, 38, 72.

Ladenburg 15, 16.
— u. Krügel 15.
Lagermark u. Eltekow 39, 40.
Lane, Ryberg u. Kinberg 32.
Langenberg 67.
Lassar-Cohn 20.
Latiers 36.

Lawrie 33.
Lederer 57.
Leduc 12, 15.
Lemoult 33.
Lepsius 18.
Lépine 63.
Levinstein u. Imbert 61.
Lewes 7, 18, 20, 47.
Lidholm 54, 55.
Liechti u. Truninger 114.
Linde 24, 113.
Liubawin 25, 41.
Löb 47.
Lonza, Elektrizitätswerk 79, 80, 90, 91, 97, 99, 101, 103, 107, 118.
Locquin u. Sung Wouseng 47.
Losanitsch 47.
Lossen 18.
Ludwig (Levy) 64.
Lunge-Köhler 108, 109, 111.

Maass u. Intosh 15.
Machtholf 69, 70.
Mailfert 44.
Mailhe 50.
Makowka 24, 30, s. a. Erdmann u. — 23, 30.
Manchot 25, 29.
Margueritte u. Sourdeval 109.
Maquenne 17, 35, 38.
— u. Dixon 7.
— u. Taine 35.
Maass u. Russel 37.
Mascarelli 44.
Mason u. Wheeler 12.
Matignon 22.
Mauguin, s. Terres, — 47.
Mauricheau-Beaupré 45.
May 24, s. a. Freund u. — 24.
Meingast 90.
Meister, Lucius & Brüning 61, 73, 77, 94, 98, 115.
Melentjeff 27.
Merling 104.
Merz 59.
Meyer, R. 46.
— V. 41, 43.
— u. Münch 44.
— u. Pemsel 35.
Miasnikoff 19.
Misteli 8.
Mitteldeutsche Stickstoffwerke 118.
Mixter 7, 41, 71.
Moissan 17, 21, 22, 32, 110.
— u. Mourreu 49, 50.
Mond, L. 109.

Monnier 114.
Morani 69.
Mouneyrat 20, 33, 52, 63.
Mourreu, s. Moissan u. — 49, 50.
Moye 16.
Münch, s. Meyer u. — 44.
Muller 25.
Mumm, s. Biltz u. — 29, 72.
Muthmann 40.

Nef 33.
Neumann, s. Elbs u. — 34.
Neumann 60.
— u. Schneider 39, 81, 89.
Neustaßfurt, s. Salzbergwerk — 54, 56, 63.
Nichols 13.
Niggemann 71.
Nieuwland 29, 30, 31, 33, 37, 40.
— s. a. Oberdoerfer u. — 27.
— s. a. Kearns, Heiser u. — 29, 44.
Norton u. Noyes 19.
Novak 23.
Noyes, s. Norton u. — 19.
— s. Howell u. — 37.
— u. Tucker 24, 34.

Oberdoerfer u. Nieuwland 27.
Oberschlesische Stickstoffwerke 118.
Oddo 42.
Odling 19.
Oechsner de Coninck 41.
Organo Kemisk Industrie A. S. 103.
Orton u. Mc. Kie 44.
Ostwald 114.

Paal, Hohenegger u. Schwarz 49.
Parsons, s. Ross, Culbertson u. — 32.
Paterno u. Peratoner 35, 36.
Paul 83.
Pechmann, von 42.
Peinert, s. Terres, — 9.
Pemsel, s. Meyer u. — 35.
Peratoner 28, s. a. Paterno u. — 35, 36.
Perlewitz 112, 113.
Philipps 30, 31.
Picon 22.
Pictet 15, 16, 27.
Pier 13.
Pizarello 18.
Playfair, s. Bunsen u. — 108.
Plimpton 27, 28, 29, 35, 36.
— u. Travers 28.
Pohl 117.
Politt 32.
Polzenius 111.
Precht 56.

Pring 47.
— u. Hutton 18.
Prunier 47.
Pückert, s. Krüger u. — 28, 37, 39.

Quet 18, 23.

Ramsay 41.
Rasch 16.
Reboul 24, 34, 37.
Reckleben u. Scheiber 26.
Redgrove 13.
Reischauer, s. Vogel u. — 19.
Reychler, s. Bergé u. — 29.
Rieter 83.
Rieth 19.
Römer 17, 24, 33, 52.
Romijn 83.
Roques 83.
Ross, Culbertson u. Parsons 32.
Rudolfi 111.
Russel, s. Maass u. — 37.
Ruzicka u. Fornasir 22.
Ryberg 32.

Sabanejeff 19, 20, 35, 36, 37.
Sabatier u. Senderens 31, 48, 50. 90,
Salkowski 61.
Salzbergwerk Neustaßfurt 54, 56, 63.
Sawitsch 19, 20.
Schaar 13.
Scheiber 23, 24.
— s. a. Reckleben u. — 26.
Scheibler u. Fischer 47.
Schenk u. Sitzendorf 35.
Schilde 59.
Schirl 23.
Schläpfer 8, 11.
Schlegel 9, 32, 33.
Schneider, M., s. Kaufmann, H. P. u. — 48.
— s. Neumann u. — 39, 81. 89,
— s. Terres, —, Knickenberg 9.
Schönherr 108.
Schröter 40.
Schuckert & Co., Elektrizitäts-A.-G. 68.
Schulze, A. 13.
Schwarz, s. Paal, Hohenegger u. — 49.
Semanow 37.
Senderens, s. Sabatier u. — 31, 48, 50, 90.
Serpek 108.
Sieber 83.
Siebner 112, 113, 118, 119.
Sinding-Larsen 42.
Simpson 36.
Sitzendorf, s. Schenk u. — 35.
Skossarewski 21.

Söderbaum 23, 25, 31.
Sourdeval, s. Margueritte u. — 109.
Stettbacher 27, 28.
Stockhausen & Co. 58.
Stockholms Superfosfatfarbiks A.-B. 64, 115.
Stolz, s. Homolka u. — 35.
Stuer, s. Chem. Fabrik Rhenania, — u. Grob 41.
Stutzer u. Söll 114.
Suckert, s. Willson u. — 15.
Sung Wouseng, s. Locquin u. — 47.
Swarts 34.

Taine, s. Maquenne u. — 35.
Tauber, s. Treadwell u. — 29.
Taworsky 42.
Teclu 11, 12.
Terres, Schneider, Knickenberg, Peinert u. Krager 9.
Terres u. Mauguin 47.
Thenard 7.
Thieme 70.
Thompson, Gonzalez u. Blake 23.
Thomsen 7.
Thron 62.
Tischtschenko 92.
Tommasi 21.
Tompkins 54, 58.
Traube 32.
Travers 17, s. a. Plimpton u. — 25.
Treadwell u. Tauber 29.
Truchot 18.
Truniger 114.
Tucker, s. Noyes u. — 24, 34.

Ubbelohde u. Hofsäß 14.
Uhl 70.
Ullmann u. Goldberg 43.

Verkaufs-Vereinigung für Stickstoffdünger 113.
Vieille, s. a. Berthelot u. — 7, 8, 9, 16, 69.
Villard 15, 16.
Voigt 58, 59.
Vogel, J. H. 9, 38, 101, 107, 112.
— u. Reischauer 19.
Vohl 18.

Wacker, Dr. Alexander — Gesellschaft 57, 64, 98, 106.
Wäser, B. 4.
Wallasch 117.
Wartenberg, von 18.
Weiler-ter Meer 62, 63.
Weinmann 44, 85.
Werner 36.
Wheeler, s. Bone u. — 19.
— s. Mason u. — 12.
Wilde, de 19, 20, 31.
Willgerodt 27.
Willson 110.
— u. Suckert 15.
Wirth, s. Berger & — 64, 69.
Wiss 13.
Wittorf 37, 38.
Wohl 49, 84.
— u. Bräunig 44.
Wolff 38.
Wood 31.
Wuest 103.
Wunderlich 73.
Wurl 59.

Zeisel 17, 39, 40.
Zemor 41.

Sachverzeichnis.

Acetaldehyd, Bildung von 28, 30, 38, 39, 44, 71.
Acetaldehyddisulfosäure 40.
Aceton 8, 14, 15, 42, 96, 98, 104.
Acetylen, Additionsprodukte 31.
    Bildungsweisen 17.
    Chemisch reines 17.
    Eigenschaften 7, 17.
    Energieverteilung 13.
    Explosionserscheinungen 8, 9, 11, 12, 16.
    Flammenspektrum 13.
    Heizwert 13.
    Kondensation 43.
    Löslichkeit 14.
    Oxydation 43.
    Trennung von Aethylen 29.
    Verwendung 52, 64, 71, 85, 90, 103, 105
    Zerfall 16, 43, 64.
Acetylen, dissous 8.
— festes 15.
— flüssiges 15.
— gelöstes 8, 14, 15.
Acetylenalkohole, Bildung von 42.
Acetylencaesium 22.
Acetylen-Chlorgemisch, Explosionserscheinungen 9, 33.

Sachverzeichnis.

Acetylendibromid 34.
Acetylendicarbonsäure 18.
Acetylendikalium 22.
Acetylendilithium 22.
Acetylendinatrium 22.
Acetylenkohlenwasserstoffe 22.
Acetylen-Luftgemisch, Explosionsgrenzen 9.
Acetylennatrium 21.
Acetylenrubidium 22.
Acetylenruß 45, 64.
Acetylensauerstoffflamme 13, 45.
Acetylen-Sauerstoffgemisch, Explosionsgrenzen 9.
Acetylen, Säurecharakter 21.
Acetylen im Steinkohlengas 19.
Acetylensprengstoff 16.
Acetylensulfosäure 40.
Acetylentetrachlorid 33, 52, 56.
Acetylen, Verhalten gegen Metalle 21, 26, 32, 44, 48, 49, 50.
— — gegen Metallsalze 21, 30.
Acetylidenverbindungen 33.
Additionsprodukte des Acetylens 31, 42.
Addition von Chlor an Acetylen 32, 52.
— von Wasser an Acetylen 38, 72.
— von Wasserstoff an Acetylen 31, 32.
Additionsprodukte des flüssigen Acetylens 40.
Äther, Gewinnung aus Acetylen 91.
Äthylacetylen 42.
Äthylenjodid 37.
Äthylidendiacetat 39.
Äthylidenglykol, Ester des 105.
Äthylmagnesiumbromid, Einwirkung von — auf Acetylen 42.
Aldol 96.
Alkohol, Gewinnung aus Acetylen 42, 90, 98, 102.
Allylen 17, 23.
Aluminiumchlorid, Einwirkung von — auf Acetylen 31, 33, 51.
Aluminiumnitrid 108.
Ammoniumbicarbonat 116.
Ammoniumcyanid 41.
Anblaseverfahren von Berger & Wirth 64.
Angriff der Metalle durch Acetylen 21, 26, 27.
Anthracen aus Acetylen 46, 51.
Arsentrichlorid. Einwirkung von — auf Acetylen 31.
Ausdehnungskoeffizienten des Acetylens 12.

Bariumcarbid 17, 110.
Bariumcyanamid 109.

Benzol aus Acetylen 46, 49.
Bestimmung des Äthylalkohols neben Aldehyd und Aceton 92.
— — Kupfers durch Acetylen 23.
Bildung von Acetaldehyd 28, 30, 38, 39, 71.
— des Acetylens bei der Elektrolyse 20.
— — aus den Elementen 7, 18.
— — aus Halogenverbindungen 19.
— — aus organischen Verbindungen 18.
— von Äthan 31, 32, 43, 49.
— von Äther 91.
— von Äthylen 31, 32, 49.
— von Alkohol 42, 43, 90.
— von Ameisensäure 4, 43, 44.
— von Benzol 42, 46, 49.
— von Chloroform 95.
— von Chlorstickstoff 38.
— von Crotonaldehyd 40, 96.
— von Essigsäure 39, 43, 85.
— von Essigsäureanhydrid 39.
— von Glyoxal 31, 44.
— von Isopren 47, 104.
— von Naphthalin 46.
— von nitrosen Produkten bei der Verbrennung von Acetylen mit Sauerstoff 45.
— von Oxalsäure 29, 43.
— von Ozon 45.
— von Propylen 50.
Bildungswärme des Acetylens 7.
Bildungsweisen des Acetylens 17.
Blausäure 41, 46.
Brennstoff, Metaldehyd als 97.
Bromadditionsprodukte des Acetylens 34.
Bromäthylen 37.
Bromjodäthylen 36.
Brommagnesiumacetylen 42.

Calciumcarbid 3, 17, 110.
Calciumcyanamid 111, 114, 117.
Carben 48, 107.
Carbidspiritus 90, 98.
Celluloidersatz 105.
Cercarbid 17.
Chemische Eigenschaften des Acetylens 17.
— Zusammensetzung des Acetylens 7.
Chloracetaldehydsulfosäure 62.
Chloracetylchlorid 62.
Chloracetylen 33, 62.
Chloradditionsprodukte des Acetylens 32, 52, 64.
Chloressigsäure 61.
Chlorjodäthylen 36.
Chloroform 95.
Chlorstickstoff, Bildung von 38.

Chlortrijodäthylen 37.
Coffein 117.
Crotonaldehyd 40, 96.
Cupren 48, 107.
Cupriacetylen 24.
Cuproacetylen 24.
Cyanamidbarium 109.
Cyanamido-Oxypyrimidin 117.
Cyanbarium 109.
Cyanguanidin 117.
Cyanimido-Uracil 117.
Cyannatrium 117.
Cyansäure 41.
Cyanwasserstoff, Bildung von 41.

Decin 22.
Diacetylen 24.
Diacetylenverbindungen 33.
Diacetylidenverbindungen 33.
Dialkyläthynilcarbinole 47.
Diazomethan, Einwirkung von Acetylen auf 42.
Dibromacetaldehyd 37.
Dibromäthylen 34.
Dibromessigsäure 38.
Dichloracetaldehyd 37.
Dichloracetylchlorid 63.
Dichloräthan 37.
Dichloräthylen 30, 33, 61.
Dichlordibromäthan 36.
Dichloressigsäure 37.
Dichte des Acetylens 12.
Dicuproacetaldehyd 24.
Dicyandiamid 114, 117.
Dijodacetylen 23, 28, 29, 35, 36.
Dijodäthylen 35.
Dimethylacetylen 42.
Doppelverbindungen des Acetylens mit Kupfersalzen 23.
— — mit Quecksilbersalzen 28.
— — mit Silbersalzen 27.

Eigenschaften des Acetylens 7, 17.
Einwirkung des Acetylens auf Äthylmagnesiumbromid 42.
— — auf Arsentrichlorid 31.
— — auf Diazomethan 42.
— — auf Essigsäure 39.
— — auf Goldsalze 30, 31.
— — auf Iridium 49, 50.
— — auf Kupfersalze 23.
— — auf Metalle 21, 26, 50.
— — auf Metallsalze 21, 31.
— — auf Molybdänsalze 31.
— — auf Osmiumsalze 30, 49.

Einwirkung des Acetylens auf Palladium 30, 50.
— — auf Platin 31, 49.
— — auf Quecksilbersalze 28, 39.
— — auf Schwefel 41.
— — auf Silbersalze 27.
— — auf Wolframsalze 31.
— von Aluminiumchlorid auf Acetylen 31, 33, 51.
— von Halogenen auf Acetylen 32, 52.
— von Halogenwasserstoffsäuren auf Acetylen 37.
— von Hypohalogenverbindungen auf Acetylen 37.
— der Metalle auf Acetylen 21, 26, 48, 49, 50.
— von Ozon auf Acetylen 44.
— von Phenylmagnesiumbromid auf Acetylen 42.
— von Salpetersäure auf Acetylen 43.
— von Schwefelsäure auf Acetylen 40.
— — auf Trichloräthylen 61.
— von Stickstoff auf Acetylen 41.
— — — auf Calciumcarbid 112.
— von Wasser auf Acetylen 38.
— von Wasser auf Calciumcarbid 17.
Entzündungstemperatur des Acetylens 13.
Entzündungsgeschwindigkeit des Acetylens 14.
Essigsäure 39, 43, 85.
Essigsäureäthylester 92.
Ester des Äthylidenglykols 105.
— des Vinylalkohols 105.
Explosion von Acetylen mit Chlor 9, 33.
Explosionsempfindlichkeit des Acetylens 12.
Explosionserscheinungen beim Acetylen 11, 12.
Explosionsfähigkeit des Acetylens 8, 9, 11, 12, 16.
Explosionsgrenzen des Acetylens 8, 9, 10, 11, 12.
— verschiedener Brennstoffe 9, 10, 11.
Extraktion mit Chlorderivaten des Acetylens 59, 60, 62.

Fällung des Goldes durch Acetylen 30.
— des Kupfers durch Acetylen 23.
— des Osmiums durch Acetylen 30.
— des Palladiums durch Acetylen 30.
— des Quecksilbers durch Acetylen 28.
— des Silbers durch Acetylen 27.
Festes Acetylen 15.

Fettsäureester aus Acetylen 92, 94.
Flüssiges Acetylen 8, 15.
— — Additionsprodukte 31.

Gemischte Halogenderivate des Acetylens 36.
Glyoxal 31, 44.
Graphit aus Acetylen 43, 64.

Halogene, Einwirkung der — auf Acetylen 32, 52.
Harnstoff 114.
Harnsäure 117.
Heizwert des Acetylens 13.
Heptin 22.
Herstellung des Acetylens 17.
Herstellung von Acetaldehyd aus Acetylen 71.
— von Aceton 96.
— von Äther 91.
— von Aldol 96.
— von Alkohol 90, 98.
— von Ammoniak 114.
— von Celluloidersatz 105.
— von Chlorderivaten des Acetylens 9, 52.
— von Chloroform 95.
— von Essigsäure 85.
— von Essigsäureäthylester 92.
— von Fettsäureestern 94.
— von Graphit nach Frank u. Caro 40, 65.
— von Harnstoff 115.
— von Kalkstickstoff 112.
— von Kautschuk 103.
— von Lacken 105.
— von Metaldehyd 97.
— von Paraldehyd 97.
— von Ruß durch Zersetzung des Acetylens nach Frank u. Caro 45, 65.
— — nach Schuckert & Co. 45, 68.
— — nach Hubou 65.
— — nach Machtholf 69.
— — nach Morani 69.
— von Salpetersäure 114.
Hexachloräthan 33, 44, 63.
Holzschnellreifung 59.
Hydroxyacetylen 45.
Hypohalogenverbindungen, Einwirkung von — auf Acetylen 38.

Indigosynthese 44, 60, 61.
Isopren aus Acetylen 47, 104.

Jodadditionsprodukte des Acetylens 34, 36.
Jodchloracetylen 37.
Jodäthylen 37.

Kaliumcarbid 17.
Kaliumverbindungen des Acetylens 22.
Kalkstickstoff, Herstellung von 4, 108, 112.
— Umwandlung von 114, 115, 116, 118.
— Untersuchung von 114.
— Wirtschaftliches über 4, 118.
Kautschuk aus Acetylen 103.
Kobalt, Einwirkung von — auf Acetylen 31, 50.
Kohlenstoffgewinnung aus Acetylen 43, 45, 64.
Komprimiertes Acetylen 8, 16.
Kondensationsprodukte des Acetylens 41, 42, 43, 46, 48, 50.
Kritischer Druck des Acetylens 15.
Kritische Temperatur des Acetylens 15.
Kupferverbindungen des Acetylens 24.
Kupfer, Einwirkung von — auf Acetylen 48.
Kupferacetylid 24.
Kupferacetylür 24.
Kupfersalze, Einwirkung von Acetylen auf 24.

Lacke aus Estern des Äthylidenglykols und Vinylalkohols 105.
Lanthancarbid 17.
Lithiumcarbid 17.
Löslichkeit des Acetylens 14.
— von Acetylen in Aceton 8, 15.
Luftstickstoff, Verwertung des 4, 108.

Magnesiumcarbid 17, 23.
Mercuribromacetylid 34.
Mercurichloracetylid 33.
Metaldehyd als Brennstoff 97.
Metalle, Einwirkung der — auf Acetylen 21, 26, 48, 50.
Metallsalze, Einwirkung von Acetylen auf 21, 31.
Methandisulfosäure 40.
Methionsulfosäure 40.
Methylkautschuk 103.
Molekulargewicht des Acetylens 12.
Molekularvolumen des Acetylens 12.
Molybdänsalze, Einwirkung des Acetylens auf 31.
Monobromacetylen 34.
Monojodacetylen 36.

Naphthalin aus Acetylen 46, 48.
Natriumcarbid 17.
Natriumverbindungen des Acetylens 21.
Nickel, Einwirkung von — auf Acetyl 26, 32, 50.
Nitroform aus Acetylen u. Salpetersäure

Oktodecin 22.
Oxalsäure 29, 43.
Oxydation von Acetylen 43, 44.
Oxypyrimidine 117.

Palladiumacetylen 30.
Palladiumdiacetylen 30.
Palladochlorbutyraldehyd 30.
Paraldehyd 39, 97.
Pentachloräthan 63.
Perchloräthylen 62.
Petroleumkohlenwasserstoffe 50.
Phenol 40, 46.
Phenylmagnesiumbromid, Einwirkung von — auf Acetylen 42.
— — — auf Acetylentetrabromid und -chlorid 34.
Phosphazot 116.
Physikalische Konstanten des Acetylens 12.
— Eigenschaften des Acetylens 7, 12, 13.
Picolin aus Acetylen und Blausäure 41.
Pinakon aus Aceton 103.
Platin, Einwirkung von — auf Acetylen 40, 41, 44, 49.
Polyacetylene 17.
Polymerisation des Acetylens 46, 47, 48, 49, 50, 51, 107.
Propylen 50.
Pseudocumol 42.
Pyrazol aus Acetylen und Diazomethan 42.
Pyrrol aus Acetylen und Ammoniak 46.

Quecksilber, Einwirkung von — auf Acetylen 50.
Quecksilbersalze, Einwirkung von Acetylen auf 28, 38, 72, 77.
Quecksilberacetylid 29.

Regenerierung von Quecksilberschlamm 78.
Reinigungsmassen, chlorkalkhaltige 9.
Reten aus Acetylen 46.
Rußbildung 10, 11.
Ruß, Herstellung von 45, 64.

Salpetersäure, Einwirkung von — auf Acetylen 43.
— Herstellung von — aus Kalkstickstoff 114.
Schellack aus Acetylen 106.
Schmelzpunkt des festen Acetylens 15.
Schwefel, Einwirkung von Acetylen auf 41.
Schwefelsäure, Einwirkung von Acetylen auf 40.
— — auf Trichloräthylen 61.

Siedepunkt des flüssigen Acetylens 15.
Silber, Einwirkung von — auf Acetylen 50.
Silbersalze, Einwirkung von Acetylen auf 27.
Spezifisches Gewicht des Acetylens 12.
— — des flüssigen Acetylens 15.
— — des Acetylenrußes 71.
Spezifische Wärme des Acetylens 13.
Stickstoff, Einwirkung von — auf Acetylen 41.
— — — auf Calciumcarbid 112.
Strontiumcarbid 17.
Styrol aus Acetylen 46.
Sublimationspunkt des festen Acetylens 15.
Substitutionsprodukte des Acetylens 31.
Synthese von Indigo 44, 60, 61.
— von Kautschuk 104.

Technische Herstellung des Acetylens 17.
Temperatur der Acetylen-Sauerstoffflamme 13.
— der entleuchteten Acetylenflamme 13.
— der leuchtenden Acetylenflamme 13.
Tetrabromäthan 34.
Tetrachloräthan 33, 52.
Theobromin 117.
Thioaldehyd 40.
Thiophen 41.
Thiophten 41.
Thoriumcarbid 17.
Trichloräthylen 58.
Trichlormethan 95.
Trichlormercuriacetaldehyd 29, 72.
Triol 58.
Trithioaldehyd 40.

Uracilverbindungen 117.

Verbindung des Acetylens mit Ammoniak 41.
— — mit Antimonpentachlorid 30, 52.
— — mit Arsentrichlorid 31.
— — mit Alkalien 21.
— — mit Erdalkalien 23.
— — mit Kupfersalzen 24.
— — mit Quecksilberfluorid 30.
— — mit Quecksilbersalzen 28.
— — mit Silbersalzen 27.
— — mit Stickstoff 41.
— — mit Wasser 38, 72.
— — mit Wasserstoff 31, 32.
Verbrennungsprodukte des Acetylens 13, 44.
Verbrennungswärme des Acetylens 13.
— des Acetylenrußes 71.

Verhalten des Acetylens gegen Metalle 21, 26, 32, 44, 48, 49, 50.
— — gegen Metallsalze 21, 31.
— der Carbide gegen Wasser 17.
— — — gegen Stickstoff 108.
Verwendung des Acetylens 3.
— — für die Herstellung chemischer Produkte 52, 64, 71, 85, 90, 103, 105.
— des Acetylenrußes 71.
— der Chloradditionsprodukte des Acetylens 57, 58, 61, 62, 63.
Vinylalkohol 38.
— Ester des 105.
Vinyljodid 36.
Vitazot 116.

Wasser, Einwirkung von — auf Acetylen 38, 72.
Wasserstoff aus Acetylen 69.
— Einwirkung von — auf Acetylen 31, 32.
— Explosionsgrenzen 9.
Westron 64.

Westrosol 64.
Wirtschaftliches über die Herstellung von Carbidspiritus 98.
— über Kalkstickstoff 118.
Wolframsalze, Einwirkung des Acetylens auf 31.

Xanthin 117.

Yttriumcarbid 17.

Zerfall des Acetylens 7, 8, 43, 45, 47, 69.
— des flüssigen Acetylens 16.
— des Äthylens in Acetylen 19.
Zersetzung des Calciumcarbides durch Wasser 17.
— der Metallacetylenverbindungen 17.
Zink, Einwirkung von — auf Acetylen 50.
Zündungsbereich verschiedener Brennstoffluftgemische 9, 10.
Zündungspunkt eines Acetylenluftgemisches 11, 13.

VERLAG VON OTTO SPAMER IN LEIPZIG-REUDNITZ

DAS ACETYLEN
SEINE EIGENSCHAFTEN, SEINE HERSTELLUNG UND VERWENDUNG

Unter Mitwirkung von
Dr. Anton Levy-Ludwig, Berlin, Prof. Hermann Richter, Hamburg,
Dr.-Ing. Armin Schulze, Altenburg, Dr.-Ing. Steil, Berlin

von

Prof. Dr. J. H. VOGEL, Berlin

Zweite, vermehrte Auflage. Mit 180 Figuren im Text.
Geheftet 14 Goldmark, gebunden 18 Goldmark

★

Inhaltsübersicht:
Einleitung — Physikalische Eigenschaften des Acetylens — Chemische Eigenschaften des Acetylens — Hygienische Eigenschaften des Acetylens — Bestimmung der Ausbeute an Rohacetylen aus Calciumcarbid — Verunreinigungen des Rohacetylens — Reinigung des Rohacetylens — Analyse des Acetylens — Technische Herstellung des Acetylens — Aufstellung, Betrieb und Unterhaltung der Acetylenanlagen — Gelöstes Acetylen — Verwendung des Acetylens zu Beleuchtungszwecken — Verwendung des Acetylens in der autogenen Metallbearbeitung — Verwendung des Acetylens zum Löten — Verwendung des Acetylens als Koch- und Heizgas — Verwendung des Acetylens zum Betrieb von Motoren — Verwendung des Acetylens als Ausgangsmaterial für Produkte der chemischen Industrie — Verwendung des Acetylens im chemischen Laboratorium — Andere Verwendungsarten des Acetylens — Verwertung der Kalkrückstände bei der Acetylenherstellung — Gesetzliche Verordnungen — Technische Vorschriften des Deutschen Acetylenvereins — Literaturübersicht — Namenverzeichnis — Sachverzeichnis.

★

Zeitschrift des Vereins deutscher Ingenieure: Ergibt sich schon aus diesem Zusammenwirken geschulter Fachleute von zum Teil auch weiteren Kreisen wohlbekannten Namen, daß hier ein gut angelegtes und Anspruch auf Autorität erhebendes Buch vorliegt, so wird dieses Urteil durch die in jeder Hinsicht belehrende Lektüre des Buches, das vorzüglich ausgestattet ist, zahlreiche instruktive Figuren, Tabellen, Gesetzesverordnungen und offizielle Vereinsvorschriften enthält, durchaus bestätigt.

Carbid und Acetylen: Einer besonderen Empfehlung an den Fachmann bedarf das Buch kaum, denn ihm bürgen schon die Namen des Verfassers und seiner seit Jahren als Pioniere der Acetylentechnik bewährten Mitarbeiter dafür, daß es sich um ein nach Inhalt und Form durchaus gediegenes Werk handelt, das aus reicher Erfahrung hervorgegangen und mit sicherer Beherrschung des Stoffes geschrieben ist.

Stahl und Eisen: Den reichen Inhalt des Werkes im einzelnen hier wiederzugeben erscheint überflüssig, denn man kann ohne jede Übertreibung sagen, daß der Chemiker und Ingenieur sowohl wie der Jurist und der Verwaltungsbeamte alles, was er vom Acetylen zu wissen wünscht, darin findet... Alles in allem genommen stellt das Werk eine sehr wertvolle Bereicherung unserer technischen Literatur dar und kann jedem, der mit Acetylen zu tun hat oder sich darüber zu unterrichten wünscht, dringend empfohlen werden.

VERLAG VON OTTO SPAMER IN LEIPZIG-REUDNITZ

CHEMISCH-TECHNISCHE VORSCHRIFTEN

Ein Handbuch der speziellen chemischen Technologie, insbesondere für chemische Fabriken und verwandte technische Betriebe, enthaltend Vorschriften aus allen Gebieten der chemischen Technologie mit umfassenden Literaturnachweisen

von

Dr. OTTO LANGE

Vorstandsmitglied der Metallytwerke A.-G. für Metallveredelung, München
Dozent an der Technischen Hochschule, München

Dritte, erweiterte und völlig neubearbeitete Auflage

4 starke Bände in Lexikonformat

Jeder Band geheftet 45 Goldmark, gebunden 50 Goldmark

Über 30 000 Vorschriften in übersichtlicher Gruppierung mit genauen Literaturangaben und zuverlässigen Sachregistern!

★

Aus den bisherigen Urteilen der Fachpresse:

Zeitschr. f. angew. Chemie: Das, was der Verfasser schon in der ersten Auflage seines Werkes anstrebte, hat er nunmehr in dieser gewaltigen Neubearbeitung voll erreicht: Er hat ein Handbuch der Vorschriften zur Ausführung chemisch-technischer Verfahren geschaffen und damit dem einzelnen Forscher wie auch der gesamten chemischen Industrie ein Werk geschenkt, das die Zusammenhänge zeigt, die zwischen ähnlichen Herstellungs- und Gewinnungsmethoden und gemeinsamen Verbindungsmöglichkeiten von Roh-, Zwischen-, und Fertigprodukten der chemischen Technik bestehen.
Literarisches Zentralblatt: Das umfangreiche, großzügig angelegte Werk ... ist in der neuen Auflage mit Umsicht und Fleiß auf der Höhe der Forschung, der Erfindungen und der Auswertung der Patent- und Fachliteratur erhalten.
Chemiker-Zeitung: Was das Buch vor den allermeisten sonstigen Rezeptenbüchern aufs vorteilhafteste auszeichnet, ist die Fülle aller möglichen Literaturangaben, die sich ebenso auf die Buchliteratur wie auf die mannigfachsten Fachzeitschriften und endlich auf die Patente des In- und Auslandes erstrecken.
Farbenzeitung: Überhaupt erscheint das Werk neben seinem eigentlichen Zweck, der im Untertitel als „Handbuch der speziellen chemischen Technologie" gekennzeichnet wird, als ein geradezu unentbehrliches Hilfsmittel beim Literaturstudium ... Es liegt ein schlechthin unentbehrliches Werk hier vor, das jeden, der mit einem der behandelten Gebiete zu tun hat, vor vieler unproduktiver Arbeit zu bewahren vermag. Es ist ein Nachschlagebuch im besten Sinne des Wortes und bietet in der Zusammenstellung eine treffliche Übersicht über die bekannt gewordenen Verfahren und daher auch vielerlei Anregung.
Allg. öst. Chemiker- u. Techniker-Zeitung: Diese Vorschriftensammlung bildet für jeden Gewerbetreibenden, auch für den in der Industrie stehenden Chemiker und Techniker, eine wahre Fundgrube. Sie gestattet die rationelle Ausnutzung der vorhandenen Anlagen und Neueinführung ertragreicher Verfahren.
Umschau: Der „Lange" ersetzt eine umfangreiche Bibliothek. Damit glaube ich nicht zuviel gesagt zu haben. Und ferner darf der „Lange" in keiner größeren chemisch-technologischen Bibliothek fehlen.

Ausführliche Prospekte mit Textproben usw. kostenlos vom Verlag!

MIX
Papier aus verantwortungsvollen Quellen
Paper from responsible sources
FSC® C105338

If you have any concerns about our products,
you can contact us on
ProductSafety@springernature.com

In case Publisher is established outside the EU,
the EU authorized representative is:
**Springer Nature Customer Service Center GmbH
Europaplatz 3, 69115 Heidelberg, Germany**

Printed by Libri Plureos GmbH
in Hamburg, Germany